LES ACTUALITÉS MÉDICALES

Les Courants

de Haute fréquence

et

La D'Arsonvalisation

LES ACTUALITÉS MÉDICALES

Les Courants de Haute fréquence

et

La D'Arsonvalisation

PAR

A. ZIMMERN	ET	**S. TURCHINI**
Professeur agrégé		Préparateur
à la Faculté de médecine de Paris.		à la Faculté de médecine de Paris.

Avec figures dans le texte.

PARIS

LIBRAIRIE J.-B. BAILLIÈRE ET FILS

19, RUE HAUTEFEUILLE, 19

1910

PRÉFACE

Par la multiplicité des manifestations physiques auxquelles ils donnent lieu, les courants de haute fréquence se prêtent à des effets variés dont la thérapeutique a cherché à tirer parti.

Un grand nombre d'applications ont reçu la consécration du temps; c'est ainsi que la haute fréquence figure en bonne place dans l'arsenal du dermatologue et que les traités de chirurgie reconnaissent son efficacité dans le traitement de la fissure anale, etc.

Mais si la valeur thérapeutique des courants de haute fréquence en application locale n'est pas contestée, il n'en est pas de même des applications générales, et en particulier de l'application par auto-conduction, à laquelle se rapporte plus spécialement le néologisme *D'Arsonvalisation*.

Est-il besoin de rappeler les discussions passionnées qui ont été soulevées à propos de son action sur la tension artérielle?

Si des assertions contradictoires ont pu légitimement éveiller quelque défiance dans l'esprit de certains auteurs, en ce qui concerne cette action en particulier, il est étrange cependant qu'ils se soient laissé hypnotiser par cette question et se soient volontairement désintéressés de l'étude des autres propriétés thérapeutiques des courants de haute fréquence.

Leur champ d'action est cependant bien fertile, n'en faudrait-il pour preuve que la voie nouvelle qui vient de leur être ouverte dans l'utilisation de leurs effets thermiques, méthode dont au cours de nos recherches de 1907 nous prévoyions l'essor et qui se montre aujourd'hui pleine de promesses.

LES COURANTS DE HAUTE FRÉQUENCE ET LA D'ARSONVALISATION

I. — HISTORIQUE.

C'est à Morton qu'on attribue généralement la première utilisation thérapeutique des courants à haute fréquence (1881). Morton employait une machine de Holtz, munie de ses condensateurs et dont on rapprochait les boules polaires de manière à produire une succession d'étincelles de décharge. Le malade était intercalé entre les armatures externes des condensateurs. Morton, sans le savoir, faisait ainsi de la haute fréquence.

Dans ces dernières années, Bordier a repris l'étude des « courants frankliniques interrompus » de Morton; mais, pour rappeler le principe physique de cette modalité, il remplace l'ancienne dénomination par celle de franklinisation hertzienne.

L'introduction en thérapeutique des courants de haute fréquence proprement dits est due à d'Arsonval.

En 1870, Ward avait entrevu la diminution de l'excitabilité du muscle pour des excitations électriques se succédant d'une manière extrêmement rapide. En 1890, d'Arsonval établit le fait expérimentalement. En utilisant un alternateur capable de donner plusieurs milliers d'alternances par seconde, il reconnut que l'action sur le système neuro-musculaire croissait jusque vers 2500 ou 3000 excitations par seconde, pour diminuer ensuite lentement et progressivement à mesure qu'on augmentait le nombre des alternances.

A l'époque où d'Arsonval poursuivait cette étude, l'ingénieur américain Tesla, préoccupé de donner une solution nouvelle et économique au problème de l'éclairage électrique, attira l'attention sur les propriétés des courants alternatifs à oscillations très rapides parcourant les conducteurs de l'excitateur de Hertz. En Amérique, et à Paris à la Société de physique, Tesla réalisa avec ces courants des expériences qui éveillèrent la surprise générale. Il démontra en particulier que ces courants, avec lesquels on pouvait facilement porter au blanc plusieurs lampes à incandescence, ne paraissaient pas, malgré leur énorme tension (50 000 volts et plus), avoir d'effet nuisible sur l'organisme. Plusieurs personnes pouvaient en effet toucher ou même saisir des deux mains les boules terminales de son dispositif sans que le passage de ces courants à travers le corps se manifestât par une action quelconque.

Tesla apportait ainsi une confirmation éclatante à la loi de l'excitabilité établie par d'Arsonval.

Toutefois, bien qu'ayant encore conçu la possibilité d'obtenir par l'effluve « une sorte de massage de la peau et une élévation de la température locale », Tesla ne chercha pas à pénétrer plus avant dans le domaine biologique des courants de haute fréquence. Ce chapitre d'électrophysiologie est presque tout entier, en ce qui concerne du moins les effets généraux de ces courants, l'œuvre de d'Arsonval (1891-1897).

C'est encore à d'Arsonval que nous devons le dispositif pratique destiné à leur utilisation thérapeutique, et l'on ne peut que se féliciter de voir le mot *D'Arsonvalisation*, introduit par les auteurs étrangers dans la terminologie électrothérapique pour désigner les applications générales des courants de haute fréquence, perpétuer le nom et rappeler les travaux de l'éminent professeur.

Un autre nom, cependant, mérite de figurer également dans ce bref aperçu historique, celui de P. Oudin, à qui, indépendamment de nombreux mémoires sur les actions physiologiques et thérapeutiques des applications locales de haute fréquence, nous sommes redevables du précieux instrument qu'est le résonateur (1893).

Toutefois si, grâce aux travaux de ces auteurs, nous disposons actuellement, avec la haute fréquence, d'un puissant moyen thérapeutique, on ne saurait oublier que leurs recherches ont été inspirées par la mémorable découverte de Hertz.

C'est Hertz, en effet, qui a donné le moyen pratique d'obtenir des oscillations électriques à haute fréquence, qui a étudié leur mode de propagation et ouvert ainsi la voie à leur emploi thérapeutique, de même qu'il a fourni aux physiciens la possibilité d'aborder le problème de la télégraphie sans fil.

II. — LES COURANTS DE HAUTE FRÉQUENCE LEUR PRINCIPE, LEUR PRODUCTION.

Définition. — Tout le monde connait à l'heure actuelle les courants alternatifs qui alimentent beaucoup de nos secteurs d'éclairage. Ces courants sont produits par des dynamos auxquelles on donne le nom d'alternateurs.

Les variations de l'intensité en fonction du temps dans un circuit parcouru par un courant alternatif ordinaire peuvent, *dans le cas le plus général*, être représentées par la courbe ci-dessus (fig. 1).

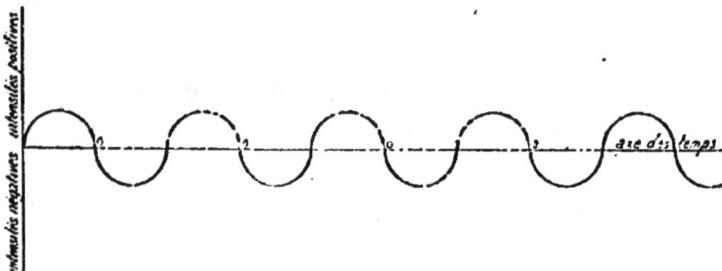

Fig. 1. — Schéma des variations d'un courant alternatif.

Cette courbe est une sinusoïde. Elle montre que l'intensité part de 0, passe par un maximum, décroit jusqu'à 0, change de sens, atteint un nouveau maximum, revient à 0, change de nouveau de sens et ainsi de suite.

On appelle période l'intervalle compris entre les ins-

tants où le courant repasse par les mêmes valeurs dans
le même sens, et demi-période, l'intervalle compris entre
deux passages successifs à 0. Chaque période se com-
pose donc de deux demi-périodes égales et de sens contraire, que l'on appelle encore alternances.

La fréquence est le nombre de périodes par seconde.

Un courant de haute fréquence est un courant alternatif caractérisé par un nombre très élevé de périodes
dans l'unité de temps.

En considérant les effets physiologiques produits par
les alternances rapides sur le système neuro-musculaire,
on pourrait prendre comme limite inférieure de la haute
fréquence le chiffre à partir duquel notre système moteur
et sensitif cesse d'être excitable, chiffre que l'on sait être
approximativement de 10 000 alternances par seconde.
Mais ce n'est là, somme toute, que de la fréquence
élevée et non pas ce que l'on est convenu d'appeler de
la haute fréquence.

Sous le nom de courants de haute fréquence nous
entendons *une modalité électrique entièrement dis-
tincte des courants alternatifs ordinaires, tant par son
mode de production que par ses propriétés physiques et
physiologiques.*

Les alternateurs industriels les plus usuels donnent,
en général, des fréquences comprises entre 25 et 100 ;
avec ces appareils on n'est guère arrivé à dépasser
10 000 alternances par seconde. En utilisant l'étincelle
de décharge des condensateurs, on peut arriver à obtenir, dans des conditions déterminées, des fréquences
d'un ordre beaucoup plus élevé se chiffrant par plusieurs

cenaines de mille, plusieurs millions d'alternances par seconde.

Décharge oscillante d'un condensateur. — Nous ne nous attarderons pas à décrire un condensateur; tout le monde connaît la bouteille de Leyde qui en représente le type le plus classique. Dans certaines conditions la décharge d'un condensateur peut être oscillante.

Pour nous rendre compte de ce phénomène sans recourir à une théorie mathématique, usons d'une comparaison avec un phénomène hydraulique.

Prenons deux vases contenant de l'eau à des niveaux différents et réunis par un tuyau long, étroit, muni d'un robinet. Si l'on ouvre le robinet, le liquide s'écoulera lentement le long du tube de jonction, dépensant son énergie en frottements sur les parois de ce tube étroit, et l'équilibre entre les deux vases s'établira ainsi d'une façon *continue*. On dit que le système considéré est *apériodique*.

Réunissons, au contraire, les deux récipients par un tuyau gros et court : au moment où nous établirons la communication, le liquide s'écoulera brusquement du niveau le plus élevé vers le niveau le plus bas.

Le travail consommé par les frottements étant très faible, le système possédera encore la plus grande partie de son énergie mécanique quand les niveaux arriveront sur le même plan : le mouvement du liquide va donc se poursuivre et il se produira une dénivellation presque égale à la première, mais de sens inverse; le même phénomène se reproduira de nouveau et le système n'arrivera à un équilibre définitif qu'après une série d'oscillations isochrones, mais d'amplitude décroissante par suite de la dégradation d'énergie due aux frottements sur les parois. Un pareil système est dit *oscillant*.

Dans la décharge d'une bouteille de Leyde, il se passe quelque chose d'analogue. Pour produire cette décharge ou encore pour rétablir entre les armatures l'égalité de niveau électrique, il suffit de fixer l'extrémité d'un conducteur sur l'une des armatures et d'approcher l'autre extrémité de la seconde armature jusqu'à ce qu'une étincelle jaillisse entre elles.

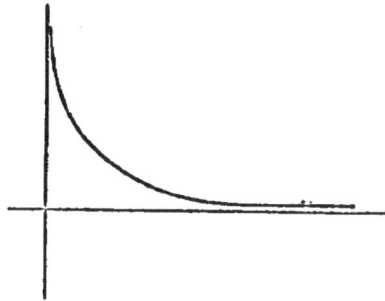

Fig. 2. — Décharge continue.

Si le conducteur est un fil *long* et *fin*, rectiligne, sans self-induction notable par conséquent, l'étincelle est unique et la décharge *continue* (fig. 2). Le flux d'électricité qui chargeait les deux armatures s'est écoulé dans un même sens de l'une à l'autre, et l'énergie de la bouteille de Leyde s'est transformée d'un coup en chaleur dans le fil métallique.

Mais si le conducteur est constitué par un fil de gros diamètre, c'est-à-dire peu résistant, auquel on aura donné la forme d'un solénoïde, ce qui augmentera les effets de self-induction, la décharge sera *oscillante* (fig. 3).

En observant l'étincelle de décharge dans un miroir tournant, comme l'a fait Feddersen, on constate que cette étincelle qui donne à notre œil l'impression d'un

trait de feu unique, est en réalité constituée par une succession d'étincelles éclatant très rapidement à intervalles
réguliers et de moins en moins brillantes.

Le mécanisme de ce phénomène est d'ailleurs aisé à
concevoir. Dès la première étincelle se produit un courant qui va de l'armature positive à l'armature néga-

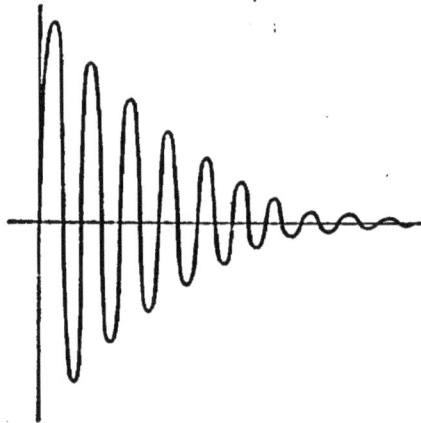

Fig. 3. — Décharge oscillante.

tive du condensateur ; ce courant éveille dans les spires
du fil excitateur une force électro-motrice de self-induction inverse, qui fournit une seconde étincelle de sens
contraire à la première et ainsi de suite.

Un flux d'électricité oscille ainsi d'une armature à
l'autre jusqu'à ce que l'énergie primitive ait été dépensée,
soit en chaleur le long du fil, soit en vibrations dans
l'étincelle complexe.

Sans vouloir abuser des notations mathématiques, il
n'est peut-être pas inutile de définir d'une façon plus
précise les conditions nécessaires pour que la décharge
d'un condensateur soit oscillante. Si l'on désigne par R

la résistance du système, il faut, pour que les oscillations se produisent, que l'inégalité

$$R^2 < \frac{L}{C}$$

dans laquelle L représente le coefficient de self-induction, et C la capacité du condensateur, soit satisfaite.

Si R est négligeable, la durée T d'une oscillation est donnée par la formule :

$$T = 2\pi\sqrt{LC}.$$

Ainsi, la fréquence des oscillations électriques de la décharge sera d'autant plus élevée que la capacité du condensateur sera plus faible et la self-induction moindre.

Dans les appareils actuellement en usage en électrothérapie, les seuls dont nous nous occuperons, la fréquence peut varier entre trois cent mille et trois à quatre millions d'oscillations par seconde.

Quand on observe les oscillations d'un pendule, on constate que, tout en restant isochrones, ces oscillations diminuent d'amplitude et finissent par s'éteindre par suite de la résistance opposée par l'air; de même les oscillations dans la décharge des condensateurs ne tarderont pas à s'amortir en raison des résistances qu'elles ont à surmonter dans le circuit de décharge.

Cet amortissement est très rapide ; dans les appareils utilisés en électrothérapie, on compte environ *vingt oscillations efficaces* à chaque décharge ; l'ensemble des oscillations dont la courbe tend ainsi vers zéro forme ce que l'on appelle un *train d'ondes* (fig. 4).

À chaque ouverture et à chaque fermeture du courant

primaire d'une bobine correspond un train d'ondes. Avec un interrupteur donnant 50 interruptions par seconde, on aura donc 100 trains d'ondes par seconde. Mais les oscillations cessant, en raison de l'amortissement, d'être sensibles après la dixième ou la vingtième, et chaque oscillation ayant une durée inférieure au $\frac{1}{100\,000}$ de seconde, on voit que le temps pendant lequel le sys-

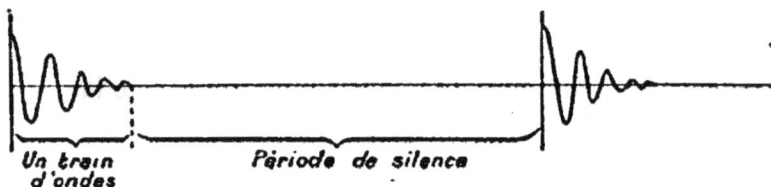

Fig. 4. — Train d'ondes.

tème est en oscillation est très court par rapport à celui pendant lequel il est au repos. Il est en quelque sorte dans le cas d'un pendule qui, battant la seconde dans l'eau, s'arrêterait après dix ou vingt oscillations, et ne serait mis en mouvement que toutes les quatre heures par exemple.

Instrumentation nécessaire à la production des courants de haute fréquence. — Pour produire les courants de haute fréquence, on utilise la décharge d'un condensateur constamment rechargé par une bobine d'induction. Celle-ci sera mise en action, soit par du courant continu, soit par du courant alternatif.

Dispositif Tesla. — Dans le montage imaginé par Tesla, le condensateur se trouve placé en dérivation entre les deux pôles du secondaire de la bobine, comme le montre le schéma de la figure 5.

Ce dispositif, intéressant au point de vue historique,

doit être écarté pour les applications médicales à cause des dangers qu'il présente. Si, en effet, le condensateur ne fonctionnait pas, le malade, en communication avec la self-induction, se trouverait directement relié à l'un des pôles de la bobine.

Dispostif d'Arsonval. — C'est le seul qui soit employé dans les appareils médicaux ; le malade n'a plus aucune communication avec le circuit du transformateur (fig. 6).

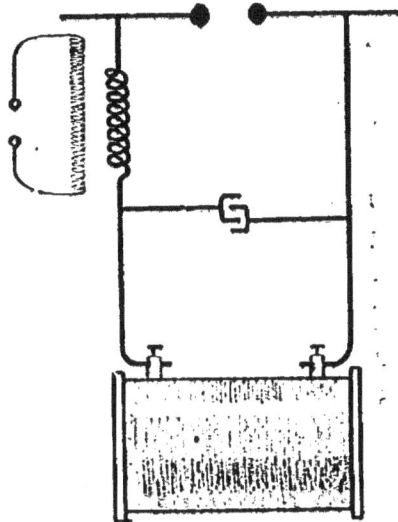

Fig. 5. — Dispositif Tesla.

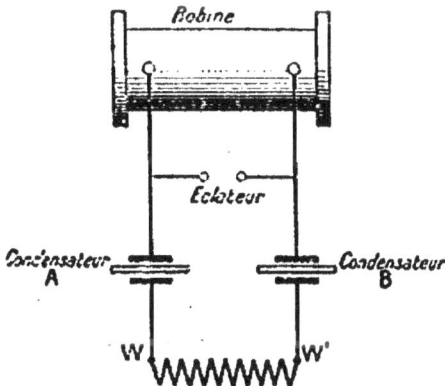

Fig. 6. — Dispositif de haute fréquence sur courant continu.

Les armatures internes de deux condensateurs sont

respectivement reliées aux deux pôles de la bobine ; les armatures externes sont réunies entre elles par la self-induction sur laquelle on recueille les oscillations de haute fréquence ; l'éclateur est en dérivation sur les armatures internes. Ici, les condensateurs étant en cascade, la charge disponible est moitié de celle que l'on aurait avec un seul condensateur de même capacité que chacun d'eux ; ce qui exige des condensateurs d'une capacité plus grande qu'avec le dispositif Tesla.

Production des courants de haute fréquence sur courant continu. — L'appareillage nécessaire, nous l'avons déjà indiqué, est constitué par un générateur à haut potentiel chargeant régulièrement les condensateurs dont les armatures externes sont réunies par un solénoïde de faible résistance.

La plupart des appareils de haute fréquence que livrent les constructeurs fonctionnent avec une bobine de Ruhmkorff actionnée par un interrupteur rapide ; il faut employer une bobine assez puissante, donnant 25 à 60 centimètres d'étincelle.

L'*interrupteur* peut être d'un système quelconque ; le meilleur sera le plus rapide, puisque plus grande sera sa vitesse, plus court sera le temps perdu entre chaque train d'ondes.

A cet égard les interrupteurs-turbines à mercure, dont on peut faire varier la vitesse dans une large mesure, offrent beaucoup d'avantages ; l'interrupteur électrolytique de Wehnelt peut aussi être utilement employé.

Dans les premiers modèles du dispositif d'Arsonval, le *condensateur* était formé par deux bouteilles de Leyde ou deux condensateurs plans dans l'air ; dans les modèles

actuels, ceux-ci plongent dans un bain de pétrole (fig. 7).
La décharge oscillante s'effectue entre deux sphères

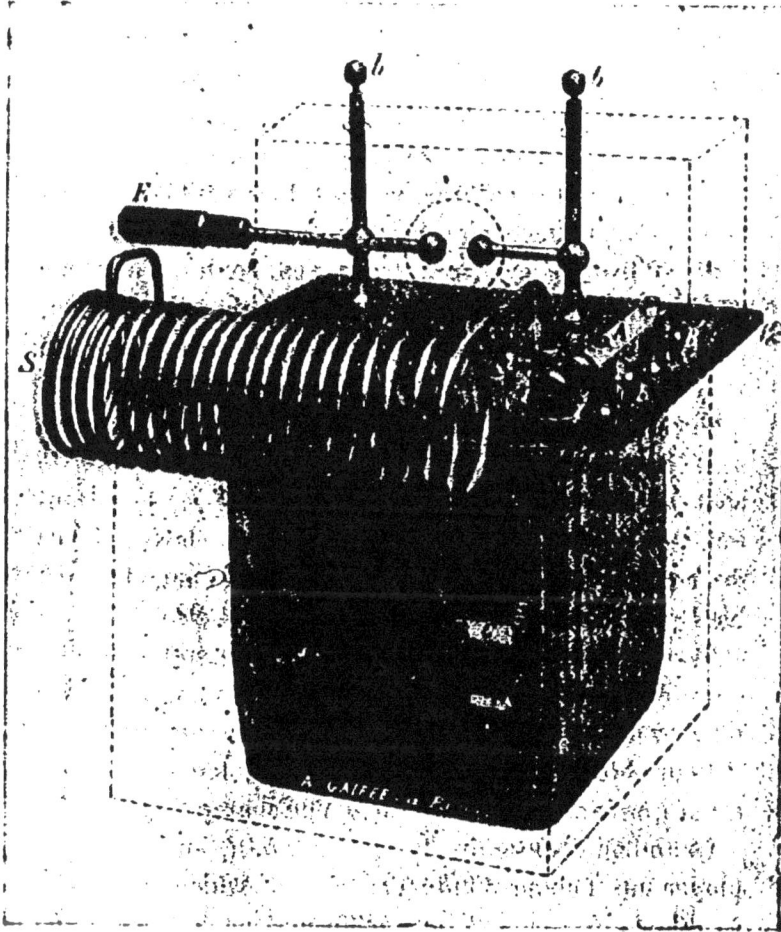

Fig. 7. — Condensateur à pétrole de Gaiffe.

métalliques en communication avec les armatures internes des condensateurs, et qui constituent l'*éclateur*.
Si, le générateur étant en marche et les boules de

l'éclateur au contact, on écarte celles-ci progressivement, on obtient tout d'abord un arc lumineux, blanc
violacé, d'aspect chenillé.

Si l'on continue à écarter les boules, l'arc s'allonge ;
à un moment donné, quand les boules se trouvent, comme
on dit, à distance explosive, au lieu d'un arc on obtient
une étincelle blanche, très brillante, qui s'accompagne
d'un claquement sec, très bruyant, tout à fait caractéristique : c'est l'étincelle oscillante.

Si, au lieu de se terminer par des boules, l'éclateur
se termine par des pointes, l'étincelle est plus longue,
plus sinueuse, plus maigre, et éclate avec moins de
violence.

**Production des courants de haute fréquence
sur courant alternatif.** — Quand on emploie le
courant alternatif comme courant primaire, le potentiel aux bornes du secondaire est moins élevé qu'avec
du courant continu interrompu, mais la quantité est
bien plus considérable. Cette quantité d'électricité est
suffisante pour volatiliser une partie du métal de l'éclateur, de sorte qu'il se produit entre les boules un arc
n'ayant aucun des caractères de l'étincelle oscillante.

Pour obtenir une étincelle disruptive, il faut souffler sur
cet arc, ou le soumettre à l'action d'un champ magnétique.

Quand on dispose du courant alternatif, au lieu d'employer une bobine d'induction, il est évidemment pré-
férable de s'adresser à un transformateur du type industriel, à circuit magnétique fermé, qui permet de développer une plus grande quantité d'énergie. Mais l'emploi
du transformateur ne va pas sans quelques inconvénients,
et ce sont ces inconvénients qui ont, du reste, retardé son

utilisation. Il fallait en effet tout d'abord des appareils plus ou moins compliqués pour assurer l'extinction de l'arc : soufflerie ou champ magnétique. Ensuite les ondes de haute fréquence se propageant dans le circuit, aussi bien en arrière qu'en avant de l'éclateur, pouvaient retour-ner dans le secondaire du transformateur et y produire des différences de potentie assez considérables pour ame-ner des éclatements d'étin-celles entre les spires et en compromettre l'isolement.

Dans le dispositif adopté par d'Arsonval depuis quelques années, ces inconvénients ont disparu, par suite de l'adjonc-tion de résistances liquides R, R' placées sur les fils venant du transformateur (fig. 8).

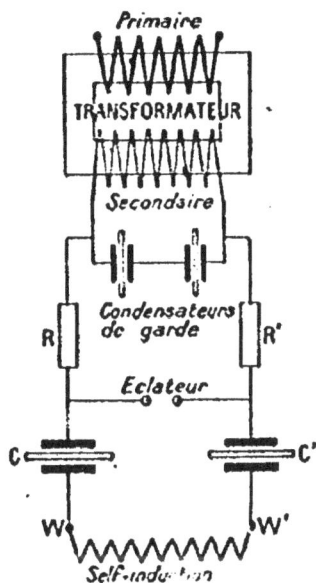

Fig. 8. — Dispositif de haute fréquence sur courant alter-natif.

Ces résistances empêchent la production de l'arc, comme l'avait déjà montré Kowalski, et de plus elles protègent le transformateur contre les retours d'ondes.

Un condensateur appelé *condensateur de garde*, est placé en dérivation. Il absorbe aussi les ondes de retour, qui viennent osciller entre ses armatures au lieu de péné-trer dans le secondaire du transformateur, et assure par conséquent une protection plus efficace.

Circuit d'utilisation. — Les oscillations produites par la décharge des condensateurs donnent lieu, dans leur armature externe, à une série de charges et de décharges alternatives en nombre égal à celui des oscillations.

En réunissant les armatures externes des condensateurs par un conducteur métallique de gros diamètre, auquel on donne généralement la forme d'un solénoïde (fig. 6 et 8, W, W') pour augmenter les effets de self-induction, il s'établira des différences de potentiel notables en des points voisins de ce conducteur, la différence de potentiel maxima étant entre les deux extrémités du solénoïde.

L'énergie développée par le courant circulant dans ce solénoïde est telle, que plusieurs lampes mises en dérivation sur quelques-unes de ses spires peuvent être portées à l'incandescence.

C'est sur cette self que, dans certains cas, nous recueillerons les courants de haute fréquence pour leur utilisation thérapeutique, comme nous le verrons plus loin.

Un autre mode d'utilisation des courants de haute fréquence consiste à élever leur tension, résultat que nous pouvons obtenir par deux procédés différents : 1° en mettant à profit leur puissance d'induction ; 2° en appliquant les phénomènes de résonance.

Bobines d'induction pour haute fréquence. — Ce transformateur, dû à Tesla et d'Arsonval, est composé d'un solénoïde primaire formé d'un petit nombre de tours de spires de gros fil, relié aux armatures externes des condensateurs, et d'un solénoïde secondaire à spires plus nombreuses à fil fin et dans lequel se produiront les phénomènes d'induction.

Dans la bobine bipolaire de d'Arsonval, les spires inductrices sont mobiles le long de l'induit qu'elles enveloppent. L'appareil étant en marche, on voit jaillir des bornes terminales de l'induit une gerbe d'effluves.

Résonateur d'Oudin. — Le résonateur de haute fréquence dû aux belles recherches d'Oudin repose sur le principe suivant : un conducteur isolé forme un système susceptible de vibrer électriquement, comme un tuyau sonore vibre sous l'influence des ondes aériennes ; si ce conducteur est mis en relation avec le solénoïde primaire et s'il présente la même période propre que lui, il deviendra le siège de phénomènes de résonance, autrement dit, il s'y développera des courants alternatifs d'une tension très élevée qui se traduiront par l'apparition de brillantes aigrettes à son extrémité libre.

Dans le résonateur d'Oudin les deux circuits sont enroulés l'un à la suite de l'autre sur une bobine verticale.

Le solénoïde inférieur (fig. 9) est relié par son extrémité libre B à l'armature externe de l'un des condensateurs C, et l'armature externe du second condensateur C peut être mise en communication au moyen d'une glissière A avec les spires successives de l'enroulement.

Le simple déplacement de cette glissière permet de régler à volonté la valeur du potentiel à l'extrémité libre de l'appareil et de graduer par conséquent les effets d'aigrettes ou d'étincelle. Le potentiel aura sa valeur maxima quand les deux circuits seront à l'accord parfait.

La théorie un peu abstraite à première vue, du résonateur d'Oudin, sera aisément comprise si l'on se reporte aux analogies que présentent les phénomènes de résonance électrique avec les phénomènes acoustiques du même ordre.

Quand on fait vibrer un diapason tenu à la main, il émet un son perceptible à faible distance ; mais si l'on vient à approcher ce diapason successivement d'une série de caisses en bois, dites caisses de résonance, on observe un renforcement du son, variable cependant dans son intensité avec les dimensions de chacune d'elles.

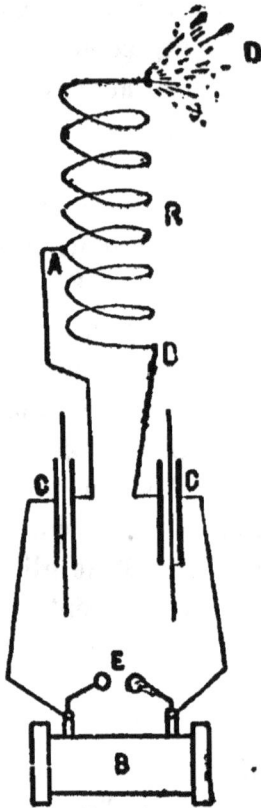

Fig. 9. — Principe du ré-
sonateur.

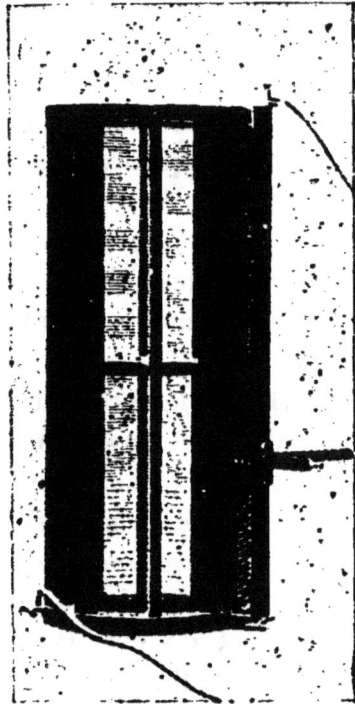

Fig. 10. — Résonateur d'Oudin.

Il en est une en particulier, de dimensions absolument déterminées, renfermant par conséquent une masse d'air déterminée, pour laquelle le renforcement sera maximum. Nous dirons alors que la période propre de vibration de cette caisse est la même que celle du diapason et qu'elle constitue pour celui-ci un *résonateur* approprié.

Résonateur de Guilleminot en spirale plate. —
Cet appareil ne diffère en somme du précédent que
par l'enroulement en spi-
rale et sur un seul plan
des circuits d'excitation
et de résonance. L'exci-
tation se fait par la spire
externe; la tension va en
augmentant de la péri-
phérie au centre, sur le-
quel se branchent les ex-
citateurs. On règle les
effets au moyen d'une
bobine à gros fil qui se
trouve dans le circuit d'ex-

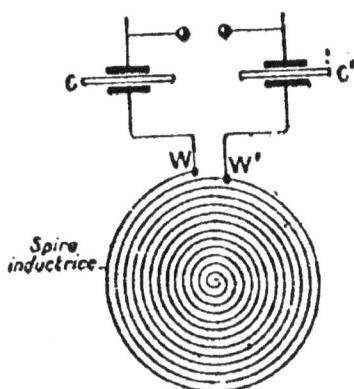

Fig. 11. — Spirales de Guilleminot.

citation, en modifiant son coefficient de self-induction.

Pratiquement, on emploie deux spirales associées de
diverses façons, qui permettent d'obtenir l'effluvation
ou l'autoconduction d'un sujet placé entre elles.

**Mesure et graduation des courants de haute
fréquence.** — En courant continu, l'intensité est la
quantité d'électricité qui parcourt un circuit dans l'unité de
temps. Cette définition ne peut s'appliquer au courant alternatif, où les variations incessantes de la force électromotrice modifient à chaque instant les valeurs de l'intensité.

On appellera *intensité maxima* d'un courant alternatif
l'intensité d'un courant continu ayant comme force électromotrice la force électromotrice maxima du courant
alternatif. Au point de vue pratique, l'*intensité efficace*
est la seule grandeur qu'il nous importe surtout de con-

naître. On la définit et on la mesure par l'intensité d'un courant continu, qui produirait dans le même circuit et dans l'unité de temps la même quantité de chaleur que le courant alternatif considéré.

Il ne saurait donc être question, pour la mesure des courants de haute fréquence, d'employer des galvanomètres basés sur l'action mutuelle des circuits et des aimants ; on s'adresse par contre à des appareils dits *à fil chaud* ou *galvanomètres thermiques*, dans lesquels on mesure la dilatation produite par le passage du courant dans un fil. L'échauffement étant indépendant du sens du courant permet la mesure de l'intensité en alternatif. On gradue ces appareils par comparaison avec un ampèremètre à courant continu.

Les intensités efficaces constatées dans l'application des courants de haute fréquence sont souvent très élevées. En applications directes bipolaires sur le petit solénoïde on peut atteindre et dépasser 500 milliampères ; avec le lit condensateur on peut arriver à près d'un ampère.

La graduation des courants de haute fréquence peut se faire : 1° en faisant varier la distance des boules de l'éclateur. Quand les boules sont en contact, l'énergie des courants de haute fréquence est nulle ; à mesure de leur écartement, cette énergie augmente, puisque de leur distance dépend le potentiel de décharge du condensateur ; 2° en faisant varier l'intensité dans le primaire du transformateur ou de la bobine ; 3° en intercalant un plus ou moins grand nombre de spires entre les deux conducteurs lorsqu'on prend une dérivation sur le petit solénoïde.

Pour le résonateur d'Oudin, nous avons indiqué plus haut la manière dont s'effectuait son réglage.

III. — PROPRIÉTÉS PHYSIOLOGIQUES ET UTILISATION THÉRAPEUTIQUE.

Les effets physiologiques et thérapeutiques des courants de haute fréquence diffèrent avec le dispositif d'application qu'on utilise.

Une prescription « traitement par les courants de haute fréquence » est donc une formule vague et imprécise, et qui ne devient explicite que si l'on a soin de spécifier la modalité oscillante à employer : l'application directe, la cage, le lit, l'effluve etc.

On peut ranger les divers modes d'application des courants de haute fréquence sous trois chefs :

a) En premier lieu nous étudierons les effets et l'utilisation thérapeutique de ces courants, lorsqu'on les applique à l'organisme de la même manière que les courants galvanique et faradique, c'est-à-dire en les faisant circuler entre deux électrodes, spongieuses ou métalliques, placées au contact des téguments. Ce mode d'utilisation constitue ce que nous appellerons les APPLICATIONS DIRECTES.

b) Sous le titre d'APPLICATIONS GÉNÉRALES nous grouperons les applications où interviennent les phénomènes d'induction que les courants oscillants passent pour développer dans l'organisme. C'est dans ce second chapitre que nous étudierons la cage d'autoconduction, aux applications thérapeutiques de laquelle s'applique plus spécialement la désignation de *d'Arsonvalisation*.

Pour nous conformer à l'usage, nous y ferons également rentrer l'étude du *lit condensateur*, bien que les effets physiologiques de cette modalité commandent plutôt un rapprochement avec les applications directes.

c) Le troisième groupe est constitué par les applications qui exigent des tensions élevées et pour lesquelles on utilise soit les courants induits de la bobine de d'Arsonval, soit les courants de résonance, du résonateur d'Oudin.

L'usage thérapeutique de l'effluve, de l'étincelle directe, et de l'étincelle de condensation que cette transformation permet d'obtenir, représente le groupe des APPLICATIONS LOCALES.

I. — APPLICATIONS DIRECTES.

Principe. — Le sujet est relié, (fig. 12) au moyen d'électrodes appropriées, à deux points plus ou moins éloignés du solénoïde qui réunit les armatures externes des condensateurs. Il se trouve soumis à des différences de potentiel d'autant plus élevées que l'on aura pris la dérivation sur un plus grand nombre de spires. L'intensité qui traverse ainsi le sujet peut être considérable, puisque une ou plusieurs lampes placées dans le même circuit peuvent être portées à l'incandescence.

Données physiologiques. — C'est à d'Arsonval et à ses collaborateurs que l'on doit la plus grande partie des notions que nous possédons actuellement sur la physiologie des courants de haute fréquence.

En application directe, au moyen d'une électrode métallique en contact immédiat avec la peau, le sujet n'éprouve aucune sensation douloureuse; sa contractilité musculaire n'est pas non plus excitée, et le corps peut être traversé sans danger par des courants de plus de 3000 milliampères, alors que sous forme de courant alternatif industriel, à basse fréquence, une intensité de 300 milliampères serait déjà dangereuse.

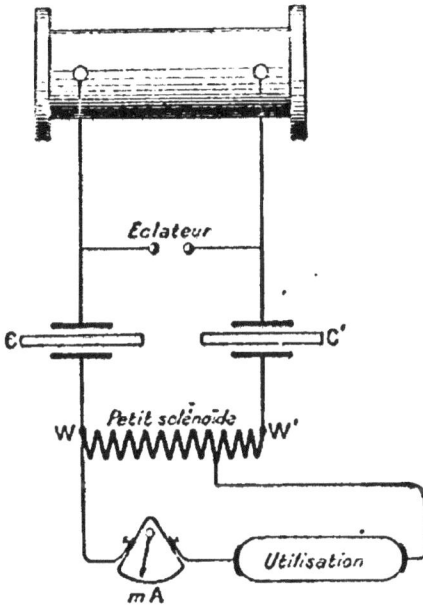

Fig. 12. — Application directe.

Pour expliquer ce fait, on a d'abord admis que l'électricité s'écoulait simplement à la surface du corps, sans pénétrer dans la profondeur des tissus. Cette interprétation n'est pas admissible puisque, ainsi que nous le verrons plus loin, on a constaté des effets sur l'organisme, comme l'élévation de la température centrale, impossible à comprendre si ces courants ne traversaient pas l'organisme.

D'Arsonval a émis l'hypothèse suivante, assez généralement acceptée aujourd'hui : de même que les éléments rétiniens ne sont influencés que par les vibrations lumineuses dont la fréquence est comprise entre des limites déterminées (1) et assez rapprochées, de même nos nerfs moteurs et sensitifs ne répondent plus à des excitations dont la fréquence dépasse 10000 par seconde.

Mais si toutefois les courants de haute fréquence aux intensités où on les utilise sont inoffensifs pour l'homme, il semblerait, d'après certaines expériences, qu'il n'en soit pas de même pour les petits animaux. C'est ainsi que Bordier et Lecomte ont obtenu des troubles nerveux (paraplégie, tétanisation) et la mort chez des lapins, des cobayes dont le corps était traversé par des courants de haute fréquence en application directe.

Mais, avec d'Arsonval, nous pensons que les intensités mises en jeu dans ces expériences étaient hors de proportion avec la faible capacité des animaux et que la mort doit vraisemblablement être attribuée à des coagulations, des embolies produites par l'énorme quantité de chaleur développée dans les tissus. Les contractions musculaires seraient dues à des défauts de technique.

Bordier et Lecomte soutiennent néanmoins que les effets mortels de ces courants ne doivent avoir d'autre cause que l'inhibition des centres respiratoires.

Thermopénétration. Transthermie. Électro-

(1) 394 trillons de vibrations pour l'extrémité du spectre dans le rouge : 756 trillons de vibrations pour son extrémité dans le violet.

coagulation. — L'utilisation des courants de haute fréquence en application directe, avec ou sans électrodes spongieuses, n'a pas, dans les débuts, joui de la vogue des autres modalités : l'autoconduction et les courants de résonance, par exemple.

Les tentatives faites en interposant l'organisme directement dans le circuit, parurent en effet manquer d'efficacité, car, à part la sensation de chaleur aux points de contact des électrodes, on n'avait pu, faute de puissance vraisemblablement, observer aucun phénomène physiologique ou thérapeutique de quelque valeur.

D'Arsonval cependant, dès 1896, avait montré que sur un animal de petite taille, comme le lapin, les courants de haute fréquence en application directe pouvaient déterminer de véritables sections de membres. Quoi qu'il en soit, c'est dans ces dernières années seulement, que la part revenant aux actions thermiques dans les effets de la haute fréquence ayant été mieux comprise, un mouvement important s'est dessiné en faveur de l'utilisation locale des courants de haute fréquence comme moyen de thermothérapie.

L'impulsion a été donnée à peu près simultanément, à Vienne, par v. Zeyneck, Berndt et Preyss, à Berlin, par Nagelschmidt, en Angleterre par Sommerville, en Hollande par Wertheim-Salomonson, en France par Zimmern et Turchini (1907-1908).

Toutes les méthodes que l'on voit aujourd'hui préconisées sous le nom de *thermopénétration* (Berndt et Preyss), de *transthermie* (Nagelschmidt), de *diathermie*, d'*électrocoagulation* sont identiques dans leur principe et reposent sur les propriétés thermiques des courants oscillants.

En se dépensant sur l'organisme, milieu relativement très résistant, l'énergie électrique subit la transformation en énergie calorifique par effet Joule.

Toutefois le développement d'effets calorifiques notables exigeant des intensités beaucoup plus élevées que celles qui sont données par les appareils usuels, les constructeurs se sont trouvés dans la nécessité de modifier l'instrumentation dans ce sens.

Le problème s'est posé de la manière suivante : augmenter l'intensité efficace en multipliant le nombre des trains d'ondes dans l'unité de temps tout en conservant une fréquence supérieure à la limite d'excitabilité de nos nerfs moteurs et sensitifs.

Ce problème a reçu actuellement une double solution. La multiplication simple des trains d'ondes a été réalisée par Gaiffe à l'aide de l'éclateur à pôle rotatif que d'Arsonval avait imaginé et utilisé déjà en 1900, et que le C' Ferrié a adapté ces derniers temps à la télégraphie sans fil. Ce dispositif, par lequel la durée du silence intermédiaire aux trains d'ondes se trouve diminuée, permet d'atteindre une intensité de 10 à 15 ampères, sans que la fréquence se trouve modifiée.

Dans les appareils utilisés par Nagelschmidt, le silence, au lieu d'être 200 fois plus prolongé que le train d'ondes lui-même, a une durée égale à celui-ci. Mais avec son instrumentation, Nagelschmidt ne paraît pas pouvoir dépasser 3 ou 4 ampères entre une électrode dorsale et une électrode placée sur la poitrine.

La seconde solution fait appel aux dispositifs producteurs d'oscillations continues, c'est-à-dire non entrecoupées par des phases de silence. Au lieu de trains d'ondes plus ou moins éloignés dans le temps, ces dispositifs produisent un courant à très haute fréquence se rapprochant du type sinusoïdal.

On connaît le principe de l'*arc chantant de Duddell*. Lorsque sur le circuit d'un arc, alimenté par du courant continu et jaillissant entre deux charbons homogènes, on dérive un circuit contenant un condensateur de capacité convenable et une self, il se produit un sifflement dans l'arc.

Le phénomène est dû à ce que les oscillations nées de la décharge du condensateur dans le circuit de l'arc, impriment à la vapeur de carbone un mouvement synchrone qui se transmet à l'air, et qui, se trouvant dans les limites des sons perceptibles, vient impressionner notre oreille.

Duddell n'avait pas cherché à dépasser la fréquence de 20 000 oscillations par seconde. Mais, avec une self et des capacités réglables, on peut faire varier la hauteur du son et atteindre même, comme l'a fait Poulsen, des fréquences dépassant de beaucoup la fréquence limite des sons perceptibles.

L'arc alors n'émet plus de son, mais on peut constater l'existence des oscillations, par divers artifices. En intercalant par exemple dans le circuit de l'arc le primaire d'un transformateur, on peut recueillir sur le secondaire de celui-ci un courant alternatif de même fréquence, de tension plus ou moins élevée et non mélangé de courant continu.

L'intensité de ce courant secondaire se règle comme celle de tous les appareils à chariot.

Par des relations convenables entre la self et la capacité, on peut obtenir dans le circuit secondaire des fréquences de l'ordre de 300 000 vibrations par seconde.

Dans l'électrocautère froid de Forest le dispositif est le même. L'arc éclate dans la vapeur d'alcool. L'ordre de grandeur de la fréquence est également de 300 000 par seconde.

En somme, ces courants ne diffèrent des courants de haute fréquence nés des décharges de condensateurs que par la continuité des oscillations et l'absence d'amortissement.

Quel que soit toutefois le mode de production de ces courants à intensité accrue (éclateur rotatif ou arc de Duddell), ils jouissent des propriétés habituelles des courants de haute fréquence et se caractérisent en application directe par l'impression de chaleur qu'ils produisent et leur inaptitude à exciter les nerfs moteurs et sensitifs.

Néanmoins, d'après Wertheim-Salomonson qui a étudié les effets de ces courants, il semblerait que leur fréquence n'influence plus la sensibilité, mais puisse encore agir sur la motricité.

Si on applique en effet ces courants sur la main, on voit celle-ci se contracter sans que le sujet éprouve aucune sensation. La langue également se contracte sans qu'aucun des modes de sensibilité de cet organe soit impressionné.

Un électrolyte placé dans leur circuit s'échauffe et cela proportionnellement à sa résistance et au carré de l'intensité du courant. Si cet électrolyte est une substance organique comme la viande, l'échauffement peut amener la coagulation de l'albumine. Quand ce sont les tissus vivants qui sont traversés par ces courants, leur température peut être élevée d'une manière très notable. Cette action peut s'exercer à des profondeurs relativement considérables, d'où le nom de thermopénétration, de diathermie, de transthermie qui a été donné aux méthodes qui cherchent à en tirer parti.

Il est à remarquer que les électrodes qui amènent le courant ne s'échauffent pas et, d'autre part, que l'échauffement des tissus sous-jacents, toutes choses étant égales d'ailleurs, est d'autant plus marqué que la porte d'entrée du courant est plus petite. Par contre, avec des électrodes à grande surface, un courant relativement intense est nécessaire pour produire une augmentation de température des tissus interposés.

Avec de petites électrodes et une intensité suffisante, on peut aller jusqu'à la carbonisation des tissus à une profondeur de plusieurs millimètres. Cela indique que la température au point d'application de l'électrode peut atteindre plus de 200°.

Au-dessous de la zone de carbonisation, l'albumine se trouve coagulée par la chaleur. Il en est de même si, l'électrode étant au contact des tissus, l'intensité du courant reste au-dessous du degré nécessaire pour produire la carbonisation.

La coagulation des tissus exige une température d'environ 60°.

On voit donc, d'après ces considérations, que la production de chaleur, contrairement aux procédés jusqu'ici connus, est endogène, c'est-à-dire se fait directement au sein des tissus, où elle dépend de la résistance ohmique.

Avec les bains chauds, bains de vapeur, bains de

lumière, moyens habituels de thermothérapie, l'apport de chaleur se fait par voie externe et les tissus sous-cutanés ne s'échauffent par conductibilité calorifique qu'une fois la peau elle-même devenue chaude.

Lorsqu'on utilise sur l'animal un de ces procédés de thermothérapie externe, on constate que la température de la peau influencée s'élève fort peu et que la température centrale reste stationnaire. Souvent même elle s'abaisse. Avec la thermopénétration, un thermomètre placé dans le rectum d'un lapin accuse une augmentation de température. Un autre thermomètre placé au point d'application monte très rapidement. Après le passage du courant, il ne redescend que très lentement, montrant ainsi que les tissus ne retrouvent que peu à peu leur température normale. Il doit en être évidemment ainsi chez l'homme, mais, étant donnée l'énorme capacité calorifique du corps, les phénomènes sont moins aisés à vérifier.

Dans les conditions ordinaires c'est la peau qui s'échauffe le plus parce qu'elle offre au courant la plus grande résistance. Les os s'échauffent moins. Ensuite viennent les tissus graisseux et les nerfs ; en dernier lieu enfin les muscles dont la résistance spécifique est la moins élevée.

Cet échauffement peut arriver, comme nous l'avons vu, jusqu'à la coagulation de l'albumine. On peut ainsi faire mourir par coagulation une grenouille vivante.

C'est dire que le procédé n'est pas absolument inoffensif, puisque du fait d'un mauvais dosage, d'une application intempestive, on peut provoquer des coagulations, des thromboses, etc. L'application de cette méthode doit donc être laissée aux mains de spécialistes connaissant parfaitement leur instrumentation et ses effets.

Utilisation thérapeutique. — L'indication capitale de la thermopénétration serait, pour Berndt et Preyss, pour Nagelschmidt, l'action sédative de la chaleur, d'où son utilisation dans les affections douloureuses, *la sciatique*, le *lumbago*, la *névralgie faciale* (Nagelschmidt), dans les affections douloureuses des articulations, *l'arthrite gonococcique* en particulier.

D'après certaines expériences de Laqueur, *la virulence* du gonocoque, sans être supprimée, se trouverait notablement diminuée après une séance de thermopénétration.

Des résultats du même ordre ont été obtenus dans la *goutte*, et les auteurs cherchent à les expliquer par une imbibition séreuse réactionnelle qui calmerait les douleurs et faciliterait la dissolution des urates. Des tophi volumineux auraient disparu après une séance, leur solubilité se trouvant accrue par l'augmentation de température des liquides.

En faisant agir la thermopénétration sur des surfaces plus étendues, par exemple en dirigeant le courant à travers le thorax entre une électrode dorsale et une électrode au-devant du thorax, Nagelschmidt assure avoir obtenu une élévation de la température centrale. Aussi aurions-nous dans cette application le moyen d'activer les échanges.

Au point de vue thérapeutique le même *modus faciendi* lui aurait donné les meilleurs résultats chez des *asthmatiques*. La chaleur rendrait la respiration plus profonde et plus rapide, l'expectoration deviendrait plus fluide, les crises s'espaceraient dès les premières séances. Des résultats non moins brillants auraient été obtenus dans la *cholécystite* non calculeuse, dans les *crises gastriques* et les *douleurs fulgurantes* du tabes.

On a signalé encore des améliorations notables dans des cas d'*aortite chronique* et Rumpf, par un procédé un peu différent, a pu suivre par l'orthodiagraphie la *diminution de volume du cœur* dans l'insuffisance aortique, l'artériosclérose, mais surtout chez des malades atteints de dilatation cardiaque sans sclérose, alcooliques ou surmenés.

Berndt et Nagelschmidt en Allemagne, Doyen en France ont eu recours au pouvoir coagulant de la haute fréquence pour frapper de mort des tumeurs malignes. Berndt a imaginé d'appliquer à leur surface une petite électrode métallique, plate, conique ou pointue, suivant l'effet à obtenir et qui permettrait d'amener aisément au-dessous d'elle la coagulation des tissus à mortifier.

Adoptée récemment par Doyen, cette méthode lui aurait fourni des résultats bien supérieurs à la fulguration dans le traitement des *concers superficiels*, à condition de les attaquer avant la période de généralisation.

D'après Doyen, avec une petite électrode de 3 centimètres de diamètre et une intensité de 10 à 15 ampères, on pourrait obtenir la coagulation dans un rayon de 8 centimètres. Au pourtour de cette zone les tissus subissent du reste encore, proportionnellement à leur profondeur, les effets de l'action thermique.

Après l'opération, il n'est pas rare de voir survenir un œdème notable et une exsudation séreuse profuse. Cette exsudation, agissant comme une véritable saignée séreuse, ne serait pas sans influence sur l'amélioration de la cachexie.

D'après Doyen, l'un des grands avantages de l'électrocoagulation résiderait dans la possibilité d'opérer de suite en plein tissu coagulé, ce qui préserverait de la dissémination des éléments néoplasiques par les vaisseaux. En outre, ceux-ci seraient toujours respectés en raison du refroidissement constant que produit la circulation.

L'électrocoagulation permet encore de modifier des *plaies septiques*, *tuberculeuses*, etc., Nagelschmidt l'a employée dans le traitement du *lupus*. Peut-être, dans ce cas, les cicatrices sont-elles moins belles que dans le traitement par la photothérapie, mais l'instantanéité des effets thermiques épargne au malade les séances nombreuses et interminables qu'exige la méthode de Finsen.

II. — APPLICATIONS GÉNÉRALES.

A. — AUTOCONDUCTION.

Principe. — Les courants de haute fréquence possèdent une puissance d'induction considérable.

C'est ainsi qu'une lampe, dont les deux pôles sont réunis par un circuit présentant un ou deux tours de spires et placée autour du petit solénoïde, sans qu'il y ait contact, est portée à l'incandescence.

Ces phénomènes d'induction peuvent se manifester sous forme de courants de Foucault. Si l'on introduit un thermomètre à mercure dans un solénoïde, on voit le mercure monter rapidement, par suite de la chaleur

développée par les courants de Foucault dans la masse
métallique du réservoir (fig. 13).

C'est cette puissance d'induction des courants de
haute fréquence que d'Arsonval a proposé d'utiliser en
thérapeutique pour produire des actions trophiques dans
la profondeur des tissus (autoconduction).

Cette méthode consiste à mettre un malade à l'intérieur
d'un solénoïde à gros fil (fig. 14), mais sans contact avec
lui. L'organisme deviendrait le siège de courants induits
énergiques (courants de Foucault), que l'on peut mettre
en évidence par l'expérience suivante : si l'on fait tenir

Fig. 13. — Effet d'autoconduction.

au sujet dans chaque
main l'un des fils d'une
lampe à incandescence
et qu'on lui fasse ar-
rondir les bras, de façon
à réaliser un circuit de
surface notable, on verra la lampe s'illuminer.

Données physiologiques. — L'innocuité, l'absence d'excitation sur le système nerveux moteur et
sensitif, caractérise les applications générales des courants de haute fréquence comme les applications directes.
Mais d'autres fonctions de l'être vivant sont encore,
d'après les recherches de d'Arsonval et de ses collaborateurs, susceptibles d'être influencées par cette modalité.

ÉCHANGES RESPIRATOIRES. — Les courants de haute
fréquence, sous forme d'autoconduction, semblent modifier profondément le fonctionnement cellulaire du sujet
placé au centre de la cage. En plaçant un animal dans
un solénoïde de dimensions appropriées, l'animal
n'ayant aucun contact avec le fil, d'Arsonval a trouvé

une augmentation des échanges respiratoires, c'est-à-dire une plus grande proportion d'oxygène absorbé et d'acide carbonique exhalé. Le rythme et l'amplitude

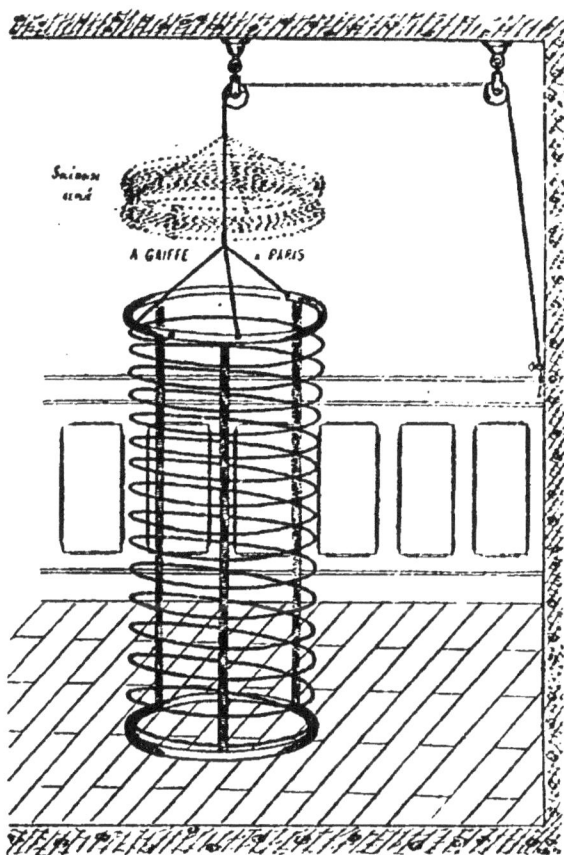

Fig. 11. — Cage d'autoconduction.

des mouvements respiratoires augmentent d'une façon parallèle.

On peut vérifier aisément l'augmentation des combustions respiratoires par la perte de poids subie par les animaux en expérience. D'Arsonval a vu qu'un cobaye, qui normalement perdait 6 grammes en seize heures, diminuait de 30 grammes pendant le même espace de temps, dans la cage d'autoconduction. Un lapin qui perdait 25 grammes en huit heures, en perdit 45 sous l'influence de la haute fréquence dans le même temps.

En opérant sur lui-même, d'Arsonval constata que la quantité d'acide carbonique exhalée en une heure, sous l'influence de la haute fréquence, était double de celle qu'il exhalait normalement.

Toutefois les conclusions auxquelles est arrivé ce physiologiste ont été fortement attaquées par Querton, qui n'aurait pu observer des effets analogues. Mais d'après d'Arsonval, les conditions expérimentales dans lesquelles se plaça cet auteur seraient passibles de sévères critiques.

Au sujet de l'action des courants de haute fréquence sur l'appareil circulatoire, d'Arsonval s'exprime de la façon suivante :

« Le système vaso-moteur, celui qui met en jeu la contractilité des vaisseaux artériels et veineux, est, au contraire, éminemment excitable par les courants de haute fréquence. Sous leur action, on voit, par exemple chez le lapin, les vaisseaux de l'oreille se dilater très rapidement comme après la section du grand sympathique. Cet effet est suivi, un peu plus tard, d'une contraction énergique.

« On voit la pression sanguine s'abaisser d'abord, puis, peu après, se relever et se maintenir à ce taux élevé ; en faisant une incision à l'extrémité de la patte

du lapin, on voit le sang couler plus abondamment après
le passage du courant. Le manomètre à mercure, mis
en rapport direct avec une artère, chez les animaux
donne les mêmes indications. »

Carvallo, en opérant par autoconduction sur les
animaux, n'observa cependant aucune variation de la
pression sanguine.

Par contre, en appliquant les courants directement
sur la peau et en excitant ainsi la sensibilité, cet expéri-
mentateur put obtenir une réaction motrice et une chute
de la pression sanguine.

Bœdeker, en faisant des applications locales, arrive à
des conclusions opposées à celles de d'Arsonval : élévation
de la pression sanguine au début, abaissement ensuite. En
applications générales, il n'observe rien.

Nous-mêmes, en soumettant des chiens à l'action du
lit condensateur, n'avons pu noter aucune modification
de la pression sanguine, prise à la fémorale.

ÉCHANGES ORGANIQUES. — Les combustions organiques
se font d'une manière plus active et plus complète, de
sorte que les excreta urinaires augmentent, comme l'ont
montré Apostoli et Berlioz, Reale et de Renzi, Bordier et
Lecomte, Martre, Rouvière et Denoyès, Vinaj et Vietti, etc.

Les résultats obtenus par ces divers auteurs en soumettant les sujets à des séances d'autoconduction sont
à peu près concordants : les courants de haute fréquence
ne semblent pas avoir d'action sur la diurèse ; l'acidité
de l'urine est augmentée par suite d'une élimination
plus grande d'acide urique ; l'urée et l'azote total
subissent une augmentation très notable ; il en est
de même des phosphates.

Les modifications dans les échanges azotés ne se manifestent que pendant la durée des applications. « Mais il n'est pas impossible que des modifications chimiques de toute autre nature puissent persister au delà de la période expérimentale comme conséquence de l'application des courants de haute fréquence, ce qui justifie l'emploi de ces courants dans les maladies par ralentissement de la nutrition » (Vinaj et Vietti).

Des expériences calorimétriques ont été également faites par d'Arsonval au moyen de son anémo-calorimètre. Il a constaté que, sous l'influence de l'autoconduction, la quantité de chaleur émise par le corps était augmentée.

On ne constaterait pas cependant d'élévation de la température centrale : par suite de la suractivité de nutrition, la quantité de chaleur produite se trouve augmentée, mais étant éliminée au fur et à mesure, elle n'influence pas la température du corps.

MICROORGANISMES. — Les premiers, d'Arsonval et Charrin ont étudié l'action des courants de haute fréquence sur les toxines microbiennes. Ils ont fait agir directement ces courants sur de la toxine diphtéritique placée dans un tube en U dans les branches duquel plongeaient deux fils de platine reliés aux extrémités du petit solénoïde.

Cette toxine, soumise pendant quinze minutes à l'action de la haute fréquence, fut ensuite injectée à trois cobayes qui ne furent même pas malades, alors que trois cobayes témoins ayant reçu une égale quantité de la même toxine non électrisée succombèrent entre vingt, vingt-quatre et vingt-six heures.

En soumettant le bacille pyocyanique, non seulement

au courant direct, mais aussi à l'autoconduction, ces auteurs ont montré que ce bacille était influencé.

Ces résultats, qui paraissaient tout d'abord très concluants, ne se confirmèrent pas entièrement par la suite. De l'ensemble des travaux de ces auteurs, comme aussi des recherches de Bonome, Phisalix, Sudnick, il semble cependant résulter que l'action de la haute fréquence sur les microorganismes n'est pas absolument nulle. L'atténuation *in vitro* de la toxine streptococcique semble avoir été en effet obtenue par Bonome et Viola ; Phisalix assure avoir atténué le venin de vipère, et Sudnick, la virulence du bacille de Koch.

Encore que ces effets bactéricides de la haute fréquence soient rigoureusement vérifiés *in vitro*, rien jusqu'ici ne nous permet d'admettre leur existence dans l'organisme vivant.

Utilisation thérapeutique. — Haute fréquence et hypertension. — Moutier le premier, dès 1897, attira l'attention sur les abaissements de la tension artérielle chez les hypertendus soumis à la d'Arsonvalisation.

En plaçant ces malades dans la cage d'autoconduction pendant cinq à dix minutes, cet auteur aurait obtenu des abaissements de la tension artérielle de 3, 4, 5 et 6 centimètres, et même 9 centimètres de mercure dès la première séance.

Challamel par de nouvelles observations confirma les résultats de Moutier, et tous deux en collaboration arrivèrent même à ce résultat que la tension artérielle peut être abaissée au-dessous de la normale, jusqu'à 11 centimètres de mercure. Dans l'intervalle des séances la pression remonterait, mais, sans atteindre le chiffre primitif. Après un nombre suffisant de séances, la pression artérielle reviendrait toujours à la normale.

D'après Moutier la pression normale ainsi retrouvée par la d'Arsonvalisation persisterait des semaines, des mois, « trois, quatre et même cinq ans après la cessation du traitement », si aucune particularité n'intervient et si le malade suit un régime convenable.

Le nombre de battements du cœur ne serait que peu diminué, mais le cœur diminuerait de volume, comme on a pu le constater par la percussion chez des hypertendus anciens traités par la d'Arsonvalisation.

Les malades, sur lesquels Moutier et Challamel ont opéré, étaient des hospitalisés de la Maison départementale de Nanterre, la plupart artérioscléreux, à tension artérielle variant de 18 à 29 centimètres de mercure.

Chez la plupart, ils ont constaté un abaissement notable de la pression en moins de trois séances.

Gidon, chez cinq hypertendus, qui n'étaient soumis a aucun régime, a vu la tension artérielle ramenée à la normale par la d'Arsonvalisation.

Doumer arrive aux mêmes conclusions, et recommande de s'adresser à des installations suffisamment puissantes.

Letulle et Moutier ont publié les observations de douze malades, chez lesquels la d'Arsonvalisation avait produit un abaissement de la tension artérielle.

En Italie, Ugo Gay, en traitant des pseudo-neurasthéniques avec hypertension par le solénoïde, conclut que son action diminue rapidement l'hypertension.

Sommerville, dans un travail sur les modifications de

la température superficielle par la haute fréquence, ne met pas en doute son rôle hypotensif.

D'autres auteurs cependant, ayant entrepris des recherches sur ce même sujet, arrivent à des conclusions opposées.

Bœdeker constate en général une élévation de la tension artérielle ; Walter Fromme ne pense pas que les courants de haute fréquence aient une action bien marquée sur la pression artérielle, et il déclare préférer invoquer la suggestion pour expliquer ces discordances.

Widal et Challamel, puis Vaquez affirment n'avoir pu retrouver aucune des brillantes modifications annoncées par Moutier.

Delherm et Laquerrière, sur vingt-quatre malades hypertendus soumis à la d'Arsonvalisation, n'ont pas observé en général de modification de la tension artérielle, et lorsqu'ils l'ont constatée, celle-ci était la plupart du temps de l'ordre de grandeur des erreurs inhérentes aux appareils de mesure. Par contre, ils ont noté que l'amplitude du pouls capillaire augmentait, et que l'état général était toujours amélioré.

Bergonié, Broca et Ferrié, disposant d'un appareil extrêmement puissant destiné à la télégraphie sans fil, et expérimentant avec le dispositif d'autoconduction, arrivent à cette conclusion : « dans les conditions bien définies, où nous nous sommes placés, il n'y a aucune action des courants de haute fréquence sur la pression artérielle. »

En présence de ces résultats contradictoires, il y a peut-être lieu de rappeler la fameuse discussion entre

Longet et Magendie, au sujet de la sensibilité récurrente.
Longet la niait, Magendie l'affirmait, sans parvenir à se
mettre d'accord. Claude Bernard, en déterminant les
conditions du phénomène, montra que tous les deux
avaient raison.

Ne nous trouvons-nous pas en face d'un fait analogue?
On sait combien il est difficile d'avoir des malades
exactement semblables cliniquement. Certaines particularités n'échappent-elles pas à nos sens, et ces
particularités ne sont-elles pas précisément celles qu'il
faudrait mettre en évidence? Ne se présentent-elles pas
chez ces malades sur lesquels la d'Arsonvalisation aurait
une action hypotensive?

En un mot, les conditions du phénomène demanderaient
à être mieux déterminées, tout aussi bien au point de vue
clinique qu'au point de vue physique, et l'on pourrait
à propos de ces divergences rappeler l'aphorisme de
Claude Bernard : « il n'y a pas de faits contradictoires en
science expérimentale, il n'y a que des faits dont le
déterminisme est insuffisamment établi. »

Nous trouvons une première confirmation de cette
remarque dans une étude de Colombo, — *Sur la pression
du sang chez les artérioscléreux*, — étude portant sur
plus de 150 malades. Cet observateur arrive à cette conclusion, que la pression du sang n'est pas constante dans
l'artériosclérose, pas plus qu'elle ne l'est à l'état normal.
Dans cette affection, par suite des intoxications d'origine
intestinale, cette pression varie, chez le même individu,
aux diverses heures de la journée comme d'un jour à
l'autre, et il n'est pas rare de trouver des différences de
5 et 8 centimètres de mercure.

Ce fait expliquerait, en partie du moins, dit Colombo, les résultats contradictoires des divers auteurs qui ont étudié l'action de la haute fréquence sur l'hypertension des artérioscléreux.

La diminution ou l'augmentation, ou encore la stabilité de la pression artérielle serait le résultat de ces oscillations spontanées sous l'influence des causes endogènes, indépendantes de toute action thérapeutique.

Il faudrait donc dorénavant tenir compte de ces oscillations, avant de formuler des conclusions sur les effets de n'importe quel agent chimique ou physique, employé dans le traitement de l'artériosclérose.

Il est évidemment indéniable que la tension sanguine des artérioscléreux est sujette à des variations incessantes qui ne peuvent que fausser les résultats expérimentaux.

Vaquez n'a-t-il pas rappelé récemment que même au cours du mal de Bright l'hypertension dite permanente peut être traversée par des crises vaso-constrictives donnant lieu à des poussées hypertensives ?

Ne voit-on pas aussi l'hypertension des vieillards céder à quelques jours de repos et de régime?

Il en résulte que le fait de ne pas s'enquérir de l'origine de la sclérose, de l'âge et du degré de l'hypertension, de l'existence de poussées hypertensives antérieures, de ne pas spécifier le moment de la journée auquel on mesure la pression, de passer sous silence les changements de régime, enlève toute portée aux résultats les plus démonstratifs en apparence.

Nous ne reviendrons pas ici sur les nombreuses critiques que l'on a adressées aux appareils destinés à la

mesure de la tension artérielle. Si tous ont leurs imper-
fections, il en est, comme le Bloch-Verdin, qui méritent
d'être rejetés sans discussion. Les observations prises
avec cet instrument ne sauraient être appelées à justifier
la valeur de la méthode.

Par contre, il est surprenant que quelques auteurs
aient affirmé l'inefficacité de la haute fréquence chez les
hypertendus, après avoir constaté l'invariabilité de la
tension chez des sujets sains, à pression normale,
soumis à l'action de la cage. Est-il besoin, pour faire
justice de cette objection, d'invoquer la comparaison avec
la quinine et le bain froid qui, antithermiques pour le
fébricitant, n'abaissent pas la température de l'homme en
état de santé?

De tous les facteurs qui contribuent à la complexité du
problème, l'un des plus importants, bien qu'il soit celui
dont on a le moins parlé, concerne les constantes électriques des appareils en usage.

La seule grandeur dont on ait quelquefois tenu compte
est l'intensité. Mais nous savons qu'en haute fréquence,
une même intensité moyenne peut être donnée par un
grand nombre de trains d'ondes d'intensité faible, ou
bien par un petit nombre de trains d'ondes d'intensité
élevée; or il n'est pas douteux que dans les deux cas,
les effets physiologiques ne doivent pas être les
mêmes.

Le milliampèremètre, tout en étant d'une grande utilité
pour une même installation, ne permet donc pas de
comparer deux installations différentes, dans lesquelles
ni la différence de potentiel d'éclatement, ni l'amortissement ni la fréquence ne sont les mêmes.

Aussi serait-il désirable qu'indépendamment de l'intensité, toutes les constantes physiques des appareils employés soient nettement déterminées et signalées au sujet de chaque application. Mais ces mesures présentent de grandes difficultés, à cause de la complexité des circuits, et c'est ce qui retarde leur introduction dans la pratique médicale.

Nous ne saurions mieux mettre en relief toute l'importance de ces mesures au point de vue de la précision dans l'expérimentation biologique, qu'en rapportant cette comparaison, imaginée par Guilloz : « Supposons un disque tournant ayant alternativement des vides et des pleins, les vides permettant le passage d'une lumière dont on voudrait étudier une action, celle sur l'organe de la vision par exemple. Lorsque les pleins masqueront l'arrivée de la lumière, cet état correspondrait au silence dans l'appareil de haute fréquence. La partie vide serait munie d'un dégradateur, par exemple, comme celui dont se servent les photographes, de telle sorte que l'intensité soit maximum au début du passage du secteur vide, nulle à la fin. Cette diminution se ferait suivant une loi correspondant à l'amortissement.

Enfin la lumière devrait être définie par son intensité, sa couleur (fréquence), laquelle ne demeurerait pas identique pendant le passage de la lumière. Cette comparaison très grossière montre toutes les difficultés d'un bon déterminisme dans les études de la d'Arsonvalisation. Ceci rendra compte des différents résultats obtenus par les expérimentateurs et des divergences qui existent sur les applications thérapeutiques.

Des difficultés non moindres apparaissent du côté biologique.

Espérons que les principaux facteurs pourront être mis en évidence, mais il est nécessaire que les électrothérapeutes soient convaincus de la complexité de la question. »

B. — LIT CONDENSATEUR.

Principe. — Le sujet est couché sur une chaise-longue et relié à une extrémité du petit solénoïde, généralement à l'aide d'une barre de cuivre qu'il tient entre

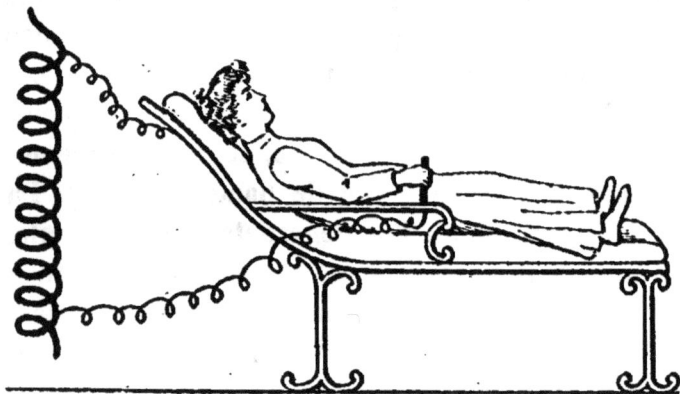

Fig. 15. — Lit condensateur.

les mains. L'autre extrémité du solénoïde est réunie à une lame métallique, placée au-dessous de la chaise-longue (fig. 15).

Entre cette lame et le sujet, dans le coussin par conséquent, se trouve interposée une substance diélectrique, feuille de caoutchouc ou d'ébonite.

Le malade, qui forme ainsi l'une des armatures d'un

condensateur, l'autre armature étant représentée par la lame métallique, sera parcouru continuellement par des courants de charge et de décharge.

La seule sensation éprouvée quand l'appareil est en fonctionnement est une sensa-tion de chaleur dans les poi-gnets. En approchant un corps métallique tenu à la main d'une région découverte, on peut tirer une série de courtes étincelles, peu douloureuses au début, mais qui déterminent au bout de quelque temps une sen-sation de brûlure. L'intensité efficace peut atteindre 1 ampère.

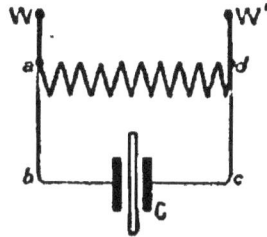

Fig. 16. — Principe du lit condensateur.

Données physiologiques. — Si les actions physio-logiques des courants de haute fréquence, sous forme d'autoconduction et en application directe, ont été l'objet de nombreux travaux, nous ne trouvons que fort peu de renseignements sur les propriétés du lit conden-sateur.

C'est en vue de compléter cette lacune que nous avons entrepris une série de recherches sur les variations de la température centrale sous l'influence du courant de condensation (1).

En soumettant des chiens à des applications de lit condensateur, nous avons observé que, si le chien était normal, avec des courants atteignant 300 à 350 mil-liampères, la température centrale s'élevait de 3 à

(1) ZIMMERN et TURCHINI, Effets thermiques des courants de haute fréquence (*Archives d'électricité médicale*, 10 septembre 1908).

4 dixièmes de degré en vingt minutes, mais qu'en revanche le rythme respiratoire changeait et passait de la fréquence de 10-14 avant le courant à 40-50 respirations pendant le passage.

Or, chez le chien, le mode essentiel de défense contre le chaud est *l'accélération du rythme respiratoire.*

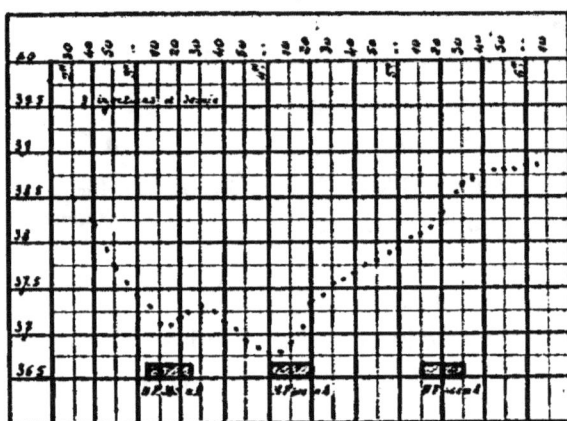

Fig. 17. — Chien chloralisé.

La température remonte légèrement sous l'action de la haute fréquence. Dans la période de retour à la température normale (élimination du toxique), le relèvement de la courbe thermométrique est plus rapide au moment de l'application du courant.

A des intensités inférieures, l'apport de chaleur n'est sans doute pas suffisant pour solliciter le réflexe polypnéique et il est possible que la défense se fasse par *radiation cutanée* ou par *diminution de l'intensité des combustions.*

Nous nous sommes adressés ensuite à des chiens soumis à la morphine ou au chloral.

L'animal soumis à la morphine se comporte sensible-

ment de la même manière que l'animal sain. Sous
l'influence de la morphine, la température décroît ;
aussitôt que l'on fait passer la haute fréquence, la température cesse de décroître, et la fréquence de la respiration passe de 12 à 50 environ.

Mais il n'en est pas de même des chiens dont on a
profondément altéré le système régulateur par le
chloral (fig. 17).

Chez le chien chloralisé, la défense contre l'apport de
chaleur ne paraît plus pouvoir se faire. A noter cependant une légère accélération du rythme respiratoire,
variant avec la profondeur de l'intoxication chlora-
lique.

Il semblerait donc *a priori* que puisque le chien chloralisé ne peut se défendre de l'apport de chaleur, sa
température devrait s'élever, tendre vers la normale, et
cela assez rapidement. Or, l'expérience, l'examen des
courbes nous montrent que l'animal chloralisé s'échauffe
sensiblement de la même manière que l'animal morphinisé. Le régime d'accroissement thermique, dans des
conditions expérimentales identiques, est sensiblement
le même, à 2 ou 3 dixièmes de degré près. Et cependant,
l'animal morphinisé se défend, tandis que l'animal chloralisé a cessé de pouvoir se défendre. Il nous paraît donc
légitime d'admettre que l'animal chloralisé utilise un
autre procédé de réaction à la chaleur interne : sans
doute modère-t-il ses combustions.

Peut-être cette diminution des combustions propres
entre-t-elle aussi en jeu, comme facteur de la régulation
chez l'homme sain et le chien sain, et participe-t-elle de
la sorte au maintien de la température. Nous n'avons

pas cherché pratiquement à vérifier cette hypothèse, étant données les difficultés expérimentales qu'aurait entraînées la mesure comparative de la quantité de vapeur d'eau exhalée par le chien avant et pendant la haute fréquence.

Le fait en lui-même d'un échauffement de l'organisme par les courants de haute fréquence n'a rien qui puisse surprendre, étant donnée la sensation bien connue de chaleur dans les poignets et les avant-bras qu'on éprouve quand on tient entre les mains un conducteur parcouru par une intensité suffisante de ces courants. Cette sensation est due à la chaleur de Joule qu'ils développent.

Ce qui est physiologiquement moins bien connu, c'est le mode de réaction de l'organisme à l'apport de chaleur interne, la manière dont l'organisme se défend contre la chaleur de Joule qui vient menacer la constance de la température.

Chez l'homme normal, le premier effet d'un accroissement thermique quelconque venu de l'extérieur ou de l'excès de ses combustions propres est un réflexe thermo-régulateur : la *vaso-dilatation périphérique* pour des accroissements faibles, à laquelle s'ajoute la transpiration si la lutte doit être plus active.

Chez le chien, comme chez l'homme, aux intensités habituellement utilisées, les courants de haute fréquence tendent à doubler la thermogénèse, conclusion à laquelle était arrivé déjà M. Wertheim-Salomonson (1), et dont on peut se rendre compte par un calcul très simple.

Or, bien que la température centrale s'élève un peu,

---

(1) W. Salomonson, Le mode d'action des courants de haute fréquence (*Archives d'électr. méd.*, 25 janvier 1903).

la vaso-dilatation périphérique chez l'homme, et la polypnée chez le chien assurent le maintien de la température normale, et il est possible enfin, que, durant le passage du courant, les actes chimiques intérieurs subissent un ralentissement momentané. Sous l'influence de la haute fréquence, l'organisme économiserait donc les produits nécessaires au maintien de sa propre température.

Il y aurait peut-être là une intéressante tentative à faire chez les *anémiques*, *chlorotiques*, *cachectiques*, etc., mais il faudrait évidemment, dans ce cas, des séances prolongées pendant plusieurs heures pour obtenir un effet utile.

Mais cela n'est vrai que pendant le passage du courant. On peut se demander si, après lui, les actes chimiques ne sont pas soumis à une réaction et n'augmentent pas d'intensité. L'augmentation de la quantité d'oxygène absorbé et de CO^2 rejeté (d'Arsonval), et l'élévation thermique que l'on observe une heure après la séance, seraient en faveur de cette manière de voir. Dans ce cas, la haute fréquence jouerait un rôle analogue aux moyens thermiques externes (bains chauds, bains de chaleur radiante, bains de soleil) qui excitent l'activité cellulaire, et dont on connaît les bons effets, particulièrement les *effets sédatifs*, dans le rhumatisme, les douleurs des arthritiques, les congestions locales.

Le lit condensateur constitue donc, à l'instar des applications directes, un moyen de thermothérapie puissant, d'origine endogène, avec cette différence qu'au lieu d'une simple action locale, on lui demande une action sur tout l'organisme.

Indirectement, par les moyens de défense qu'il sollicite chez l'homme, le lit condensateur semble devoir être utile, toutes les fois qu'il y a lieu, d'une façon soutenue et modérée, de décongestionner les organes internes ou d'activer la circulation périphérique. Il paraît donc, à ce point de vue, un adjuvant utile dans le traitement des congestions rénales, des névralgies viscérales, etc.

Enfin, il y a lieu de l'essayer systématiquement dans les états de mauvaise circulation périphérique tels que l'*asphyxie des extrémités*, l'*angiospasme* cutané, contre la *cryesthésie*, contre cette sensation de froid dont les brightiques et les artérioscléreux ont tant de peine à se défendre.

Une observation de Legendre confirme, d'ailleurs parfaitement, les conclusions pratiques déduites de notre étude des actions thermiques des courants de haute fréquence.

Il s'agit d'un artérioscléreux en proie, depuis quelques années, à une sensation insupportable de froid :

« Il arrivait chez le spécialiste, grelottant sous ses fourrures et continuait à frissonner dans un salon d'attente bien chauffé ; mais, à l'*issue de la séance, il se sentait dans un état agréable de douce chaleur*, qui persistait de plus en plus longtemps dans la journée.

« La modification de la sensibilité au froid était si nette que l'entourage du malade la constata unanimement ; or, ces cryesthésiques, qui ne trouvent jamais les appartements assez chauffés, qui s'impatientent sans cesse contre les parents et les serviteurs au sujet des portes et des fenêtres, qui réclament continuellement des paravents et des couvertures, qui ont pendant sept ou huit mois de l'année besoin d'une boule d'eau chaude dans leur lit, sont aussi malheureux que malcommodes dans la vie en commun. On remarquait aussi que le teint, habituellement d'une pâleur un peu jaunâtre, s'éclaircissait graduellement et revenait vers la coloration normale.

« J'engageai mon client à continuer la cure, et le mieux-être alla en s'accentuant ; l'état demeure bon après deux séries de séances embrassant un intervalle de trois mois.

« Ce succès m'a paru intéressant à enregistrer parce qu'il a justifié l'opinion que je m'étais faite sur la pathogénie du symptôme cryesthésie chez les artérioscléreux à hypertension, en les voyant habituellement pâles par spasme des artérioles cutanées. La haute fréquence, outre l'action hypotensive qui m'était connue, se trouvait avoir, entre autres effets avantageux, celui de diminuer *l'angiospasme cutané et, en permettant une plus large* irrigation de la surface tégumentaire, de rendre moins frileux les malades (1). »

Utilisation thérapeutique. — Artériosclérose. Goutte, etc. — Il est regrettable que les quelques expérimentateurs, qui se sont adonnés au contrôle de l'action hypotensive de la haute fréquence n'aient pas poussé leurs investigations dans le domaine si étendu des *troubles fonctionnels liés à l'artériosclérose.* Peut-être auraient-ils ainsi surpris des effets qui ne les auraient

(1) LEGENDRE, Les courants de haute fréquence contre la cryesthésie des artérioscléreux hypertendus (*Soc. de thérap.*, 24 janvier 1906).

pas conduits à dénier catégoriquement toute utilité à la d'Arsonvalisation.

Avec le lit condensateur, qui ne nous contraint plus comme l'autoconduction à admettre une action directe du courant sur les centres vaso-moteurs ou le sympathique, dont au contraire l'étude physiologique nous apprend que, moyennant une intensité suffisante, nous pouvons mettre en jeu, par l'apport de la chaleur de Joule, les fonctions de régulation thermique, la réalité d'une action thérapeutique ne laisse plus place à l'indécision. L'observation montre nettement qu'un certain nombre de troubles fonctionnels qu'accusent les artérioscléreux peuvent s'amender ou céder, après quelques séances de lit condensateur, et ces modifications paraissent bien en rapport avec un rappel de la circulation périphérique, processus physico-physiologique de défense contre l'excès de chaleur interne.

N'est-ce pas du reste ce que recherche d'une manière générale la thérapeutique rationnelle de l'artériosclérose, quand, pour diminuer le travail du myocarde par l'abaissement des résistances périphériques, elle conseille les frictions excitantes, le massage, l'exercice modéré, les médicaments vaso-dilatateurs?

La réaction vaso-dilatatrice du lit condensateur nous a paru recevoir une confirmation remarquable par le fait suivant.

Un de nos malades, artérioscléreux, asthmatique, avec lésions cardiaques minimes, présentait une plaque d'urticaire crurale qui survenait et disparaissait sans cause déterminée. Du jour où nous commençâmes le traitement, la plaque réapparut tous les jours de séances, deux à trois heures après, disparaissant le lendemain. Les jours intermédiaires elle n'apparut jamais.

Les symptômes qui nous ont paru le plus influencés chez les artérioscléreux sont : la dyspnée d'effort, les vertiges, la sensation de froid, les palpitations avec angoisse précordiale.

La *dyspnée d'effort* peut être à ce point atténuée que des malades incapables de monter un étage sans anhélation, arrivent à le faire aisément au bout de quelques semaines et peuvent accomplir des promenades soutenues dont ils étaient obligés de se priver.

Quelquefois nous avons noté la diminution de la fréquence du pouls. Chez d'autres nous avons vu disparaître en peu de séances une *céphalée* tenace, et dans deux cas, chez des malades déjà soumis au régime déchloruré, l'albumine a passé de 10 centigrammes à 3 centigrammes, et de 5 centigrammes à des traces indosables.

Chez les *asthmatiques*, les angineux, on note également très souvent une diminution dans le nombre et l'intensité des crises.

Un fait assez constant et sur lequel nous avons eu maintes fois l'attention attirée, est la sensation de faim remarquable qui fait suite à chaque application de haute fréquence.

Quelques auteurs ont noté la diminution des crampes.

Chez des malades atteints de *claudication intermittente* et de *gangrène sénile*, Delherm et Laquerrière ont noté des améliorations considérables par l'association de l'effluve et de l'application directe (cage à poignées). Bonnefoy, bien que n'ayant jamais observé d'abaissement notable de la tension artérielle, se déclare convaincu des bons effets du lit condensateur chez les malades à circulation défectueuse. Il insiste, avec raison selon nous, sur les services que peut rendre cette modalité chez les *goutteux*.

Dans des cas d'*asphyxie locale des extrémités* également, le lit condensateur, à condition toutefois de prolonger suffisamment le traitement, serait d'un précieux secours. Il faudrait atteindre cependant dans certains cas le chiffre de cent séances (Bonnefoy). Ces résultats ne sauraient surprendre puisqu'à la vaso-constriction causale de cette affection on oppose la réaction vaso-dilatatrice de l'apport thermique du lit condensateur.

L'action présumée des courants de haute fréquence sur les maladies de la nutrition devait engager les premiers observateurs à en tenter l'essai dans le *diabète*. C'est ainsi que d'Arsonval et Charrin, utilisant l'application directe avec des intensités relativement élevées (350 à 450 milliampères), obtinrent deux succès qui dès l'abord suscitèrent quelque surprise.

Chez un de leurs malades, après 84 séances, le volume de l'urine tomba de 11 à 7 litres, le taux du sucre passa de 620 à 180 grammes par vingt-quatre heures.

Dans leur second cas, la durée des séances avait dû être réduite à trois minutes, par suite de la lassitude produite par l'application prolongée. La quantité de sucre de 137 grammes par jour tomba à 38 grammes.

Boinet et Caillol de Poncy, à Marseille, opérant de la même manière, confirmèrent ces heureux résultats.

Apostoli et Berlioz traitèrent également plusieurs cas de diabète par la d'Arsonvalisation. Parfois le sucre diminua, mais « même dans les cas réfractaires, ont écrit ces auteurs, avec conservation intégrale du sucre, sans modification chimique appréciable de la glycosurie, l'état général a été relevé et le traitement a été marqué par une amélioration symptomatique constante ».

Dans la suite, Reale et de Renzi, Vinaj et Vietti observèrent soit la disparition complète, soit la diminution du sucre urinaire. De Renzi, chez des diabétiques virtuels, dont le sucre avait disparu de l'urine, a vu par contre la glycosurie réapparaître après la haute fréquence.

En Allemagne, Cohn et Bœdeker, tout en ne déniant pas à la haute fréquence une action sur l'état général, lui refusent le pouvoir d'abaisser le taux du sucre chez les diabétiques.

Récemment, Widal et Challamel ont recherché avec beaucoup de soin, au point de vue clinique, l'action de la haute fréquence, sous forme d'autoconduction, sur la glycosurie alimentaire, la glycosurie pathologique, et accessoirement sur la tension artérielle, mais ces auteurs n'ont pu déceler aucune modification, ni sur la quantité de sucre, ni sur la valeur de la tension artérielle.

S'il y avait à retenir de leurs observations une influence de la haute fréquence, on pourrait noter que chez l'un de leurs deux malades la séance d'autoconduction détermina « une augmentation de la quantité d'eau urinaire, dont le chiffre s'élève à 3ˡ 900, alors qu'il était la veille de 2ˡ 600 ».

Mais nous ne voulons attribuer cette augmentation de la diurèse qu'à une pure action nerveuse, nous ajouterons même psychique, car étant données les constantes des appareils utilisés par Widal et Challamel, on s'aperçoit facilement que l'énergie dont ils disposaient était manifestement insuffisante. Et même auraient-ils obtenu des résultats positifs, abaissement du taux du sucre, modification dans les échanges chlorurés et azotés, nous nous garderions de les rapporter à l'action de la haute fréquence, les intensités fournies par les appareils dits transportables dont ils se sont servis étant beaucoup trop faibles pour amener, en application générale, une modification quelconque.

Peut-être, en présence de ces résultats contradictoires, serait-il bon de ne chercher à vérifier les faits avancés par d'Arsonval et Charrin qu'en utilisant dans les mêmes conditions d'intensité la modalité à laquelle ont eu recours ces auteurs : l'application directe.

III. — APPLICATIONS LOCALES.

Principe. — On peut faire les applications locales de haute fréquence, soit à l'aide du résonateur d'Oudin, soit avec la bobine bipolaire de d'Arsonval.

Au moyen d'électrodes appropriées on applique ces courants sous forme d'effluves ou d'étincelles.

Effluvation. — Pour pratiquer l'effluvation locale, on relie à l'extrémité libre du résonateur une électrode-balai en fils métalliques fins tenue par un long manche isolant (fig. 18).

En approchant cette électrode des téguments, on entend un bruissement spécial, dû à des décharges continues, en même temps que l'on voit la lueur violacée de l'effluve, accompagnée d'une odeur d'ozone caractéristique. Si l'on relie le malade à l'extrémité inférieure du solénoïde inducteur, l'effluve devient plus intense et plus nourri (*effluvation bipolaire*).

Quand la distance entre l'électrode et la peau diminue, la densité du flux augmentant en certains points, on voit éclater de ci de là quelques étincelles courtes, mais peu douloureuses.

Avec l'effluve, on peut facilement localiser les effets de la haute fréquence. Mais cette action n'est pas exclusivement locale; tout l'organisme se charge en effet d'électricité, comme on peut s'en rendre compte par les étin-

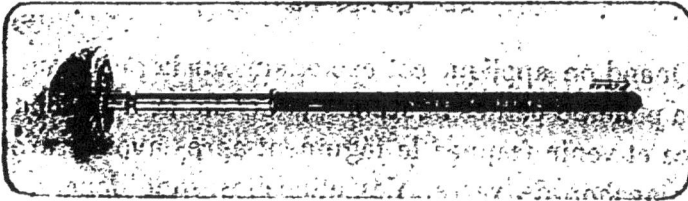

Fig. 18. — Electrode-balai.

celles que l on peut tirer en approchant le doigt d'un point quelconque du tégument.

Oudin admet que lorsqu'on dirige l'effluve de résonance sur l'épiderme, celui-ci se comporte comme un diélectrique et se laisse traverser par l'effluve qui va charger la capacité formée par les tissus sous-jacents.

Étincelle directe du résonateur. — En reliant l'extrémité libre du résonateur à une électrode métallique, que l'on approche de la peau, il se produit, entre l'électrode et le tégument, des étincelles plus ou moins longues, très douloureuses ; ce sont ces étincelles qui ont été utilisées dans la fulguration.

Étincelles de condensation. — On sait que l'effluve

de haute fréquence traverse les diélectriques avec la plus grande facilité. C'est sur cette propriété qu'est basée l'électrode condensatrice d'Oudin.

Cette électrode, formée par une tige conductrice entourée d'un manchon de verre et tenue par un manche isolant, est reliée à l'extrémité libre du résonateur (fig. 19).

Fig. 19. — Électrode condensatrice d'Oudin, modèle réglable de Bissérié.

Quand on applique cet excitateur sur la peau, on voit une pluie de petites étincelles jaillir de la tige conductrice et venir frapper le tégument après avoir traversé le manchon de verre. Ces étincelles sont douces, peu douloureuses, et sont facilement supportées, même par les muqueuses.

En dérivant tout ou partie du courant dans le sol par l'intermédiaire du corps de l'opérateur, Bissérié a rendu cette électrode réglable, ce qui permet de commencer l'application avec un courant nul et de l'augmenter progressivement selon la susceptibilité du patient.

Les électrodes de Mac Intyre en verre, vides d'air, sont utilisées pour l'effluvation locale. Elles présentent des formes très diverses qui permettent de faire les applications dans une régions nettement déterminées (fig. 20).

Les applications avec ces électrodes sont très douces, mais l'action révulsive est faible ; elles semblent surtout agir sur l'élément névralgie.

On a pensé à invoquer des effets chimiques pour expliquer leur action. Leur avantage, pour certains auteurs,
serait de permettre de faire des séances plus longues.

Dans une communication faite à la Société dermatologique russe, Stepanoff insiste sur les caractères des

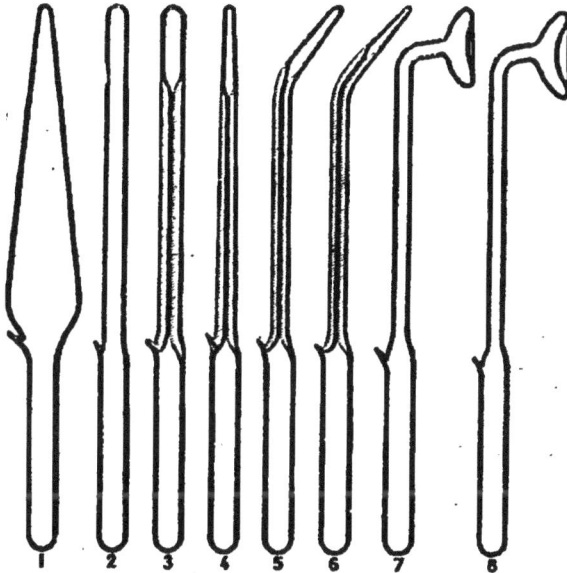

Fig. 20. — Électrodes de Mac Intyre.

décharges appliquées localement, et sur leurs effets en
dermatologie.

Il considère trois catégories de décharges :

1° En donnant aux tiges de l'éclateur une distance
voisine de l'arc, on obtient des *étincelles douces et
chaudes* ;

2° En écartant les tiges au maximum, on a des *étincelles piquantes et froides* ;

3° *La décharge piquante et pas très chaude* présente un caractère moyen.

En traitant un lupus *vulgaris* ancien par un *courant piquant et pas très chaud*, il obtint la guérison, tandis qu'avec un *courant piquant et froid*, la guérison était retardée, et si *le courant était chaud et doux*, il y avait aggravation, les nodules rouges réapparaissant au niveau des points déjà traités.

Des quelques exemples que cite Stepanoff, on semble en droit de conclure que, dans beaucoup de cas, les insuccès de la haute fréquence en dermatologie proviendraient d'un mauvais choix de la modalité de décharge.

Il va même plus loin, et montre qu'avec des appareils différents, les effets sont différents, sur le même individu, d'où la nécessité de moyens de mesure permettant d'établir une technique précise pour chaque cas particulier.

Nous connaissons d'ailleurs l'influence de l'épaisseur du verre sur les caractères de l'étincelle de condensation.

Données physiologiques. — ACTION MOTRICE. — Si en application générale les courants de haute fréquence ne produisent pas de contraction musculaire, il n'en est pas de même en application locale.

Quand on fait de l'effluvation bipolaire, le patient étant relié à l'extrémité inférieure du résonateur par une poignée métallique, il se produit des secousses musculaires dans le poignet qui tient le conducteur, toutes les fois que l'on approche suffisamment le balai à effluve du tégument. Ces secousses peuvent même devenir très pénibles.

Aux points frappés par l'effluve, la contraction ne se fait pas en masse; elle se fait sous forme de contractions fasciculaires, très manifestes sur les muscles plats comme le deltoïde. Cette contraction est due aux inégalités de densité de l'effluve sur les différents points de la surface cutanée qu'il vient frapper.

ACTION VASO-MOTRICE. — ANESTHÉSIE. — Lorsqu'une étincelle, un peu nourrie, vient frapper la peau, on voit, au point touché, sur une surface de 1 à 2 centimètres de diamètre, la peau s'anémier par vaso-constriction, en même temps que se produit le phénomène de la chair de poule. L'anémie spasmodique déterminée par l'étincelle dure plus ou moins longtemps; après un temps variable survient au même point une tache érythémateuse due à une vaso-dilatation paralytique consécutive.

Oudin admet que c'est à cette anémie spasmodique que sont dues l'anesthésie et l'analgésie dans certaines applications locales de haute fréquence. Cependant pour quelques physiologistes, les effets sédatifs, analgésiques et anesthésiques observés en clinique (prurit, anesthésie locale), seraient dus à une action propre sur les extré-mités nerveuses, à une inhibition du système nerveux sensitif.

C'est surtout sur les muqueuses que l'on peut obtenir une anesthésie à peu près complète; ici, toutes les couches peuvent être influencées, tandis que sur la peau, l'anesthésie est toujours superficielle, la vaso-constric-tion n'atteignant pas les couches profondes.

Ajoutons que l'effluve, à un moindre degré, à cause de la moindre densité du courant, permet d'obtenir les mêmes effets que l'étincelle.

L'effluvation, portée sur la colonne vertébrale, produirait une élévation notable de la pression artérielle (Moutier).

D'après Oudin, l'effluve de haute tension produit un spasme vaso-moteur qui, ainsi qu'on peut le constater avec les appareils enregistreurs de pouls capillaire, se traduit par un abaissement de la courbe générale et une diminution de l'amplitude des pulsations. Après la cessation de l'effluve, le pouls capillaire reprend sa valeur primitive, la dépasse, et ne revient à l'état normal qu'après une série de phases alternatives.

ACTION SUR LES MICROORGANISMES. — Si les courants de haute fréquence, en applications générales, ne semblent pas avoir une action très marquée sur les microorganismes, beaucoup moins discutables semblent être les effets bactéricides dans les applications locales (Oudin et Barthélemy).

« Après une ou deux applications locales de quelques secondes de durée, écrivent ces auteurs, on voit toujours se flétrir et disparaître le *molluscum* contagieux, dont la cause parasitaire est bien connue. Nous voyons la cicatrisation et la guérison au bout de trois semaines de larges ulcérations ou de catarrhes gonococciques du col de l'utérus, dont la guérison par la thérapeutique courante aurait demandé certainement un temps au moins double. Pour arriver à ce résultat sans employer d'autre traitement, il faut bien aussi admettre une action microbicide. On connaît les observations de Coignet et de Gailleton (de Lyon), qui, à l'aide de l'effluve du résonateur, transformèrent des chancrelles en ulcérations simples, guéries en quelques jours. L'inoculation était positive avant le traitement, négative après une ou deux séances » (Oudin et Barthélemy).

Utilisation thérapeutique. — Si, actuellement, un mouvement important se dessine en faveur des applications directes des courants de haute fréquence, trop longtemps délaissées, il semble qu'une réaction inverse se soit produite en ce qui concerne les applications dites applications locales, c'est-à-dire celles qui utilisent l'effluve ou l'étincelle.

Il y a une quinzaine d'années, sous l'impulsion des travaux d'Oudin, un grand nombre de dermatologistes s'adonnèrent à l'étude des courants de haute fréquence dans les dermatoses, et les résultats obtenus permirent d'inscrire la haute fréquence en tête des modalités de la thérapeutique physique applicables aux affections cutanées. Mais l'avénement de la radiothérapie réduisit son domaine, et actuellement, un grand nombre de traités de dermatologie l'ont effacée du premier plan.

« Nous répéterons, dit Brocq, ce que nous avons dit à propos de l'électricité statique. Après avoir eu un moment de grande vogue, ce procédé est presque tombé dans l'oubli après l'introduction de la radiothérapie dans la thérapeutique. Il rend cependant de réels services dans les prurits circonscrits *sine materia*, et même dans les prurits circonscrits avec lichénification, mais surtout dans les formes aberrantes et superficielles du lupus érythémateux, dans lesquelles il constitue encore une méthode de choix (1). »

L'ostracisme dont quelques dermatologues ont ainsi

---

(1) Brocq, Traité élémentaire de Dermatologie pratique. Duin, édit., 1907.

frappé la haute fréquence au profit de la radiothérapie
ne nous paraît toutefois nullement justifié.

Si l'on voulait en chercher les raisons, on en trouverait de multiples. Les plus sérieuses sont peut-être que
les actions physiologiques de la radiothérapie ont été
plus profondément et plus activement explorées, et que
nous manifestons toujours un goût plus marqué pour
les travaux de provenance étrangère. Or, à l'encontre de
la plupart des travaux de radiothérapie, les publications
sur la haute fréquence sont à peu près toutes d'origine
française.

Le cadre des applications locales cependant n'embrasse
pas que la thérapeutique dermatologique. Si nous con-
servons à l'expression « applications locales », le sens qui
lui a été assigné dès la première heure, nous entendrons
sous ce nom *toutes les applications où intervient l'action
du résonateur*, c'est-à-dire les applications directes avec
le résonateur, les applications de l'effluve et de l'étincelle. Mieux vaudrait évidemment étiqueter ce chapitre :
applications avec le résonateur. Au point de vue physique
il serait même plus exact de dire : *applications de haute
tension*.

Dans le manuel que publiait l'un de nous en 1906 (1),
s'il fut possible de grouper les indications de l'électricité
médicale selon les effets physiologiques des diverses
modalités électriques, celles-ci se trouvant bien établies,
une grosse difficulté surgissait à l'égard d'une classification analogue des indications de la haute fréquence,
dont le mode d'action n'était encore qu'imparfaitement

(1) A. ZIMMERN, Éléments d'Électrothérapie clinique, Masson, édit.,
1906.

connu. Mais, depuis lors, les résultats thérapeutiques
ont pu être mieux interprétés, leur mécanisme expliqué,
les effets rapprochés et synthétisés, et il n'est pas
téméraire aujourd'hui de tenter une classification physiologique des indications de la haute fréquence en
applications locales. Le tableau ci-dessous résume notre
manière de concevoir les actions de la haute fréquence
et peut servir de sommaire aux considérations qui vont
suivre.

1° Effets sédatifs.	Exemple : les prurits.	Modalité : principale-ment l'effluvation.
2° Effets antispas-modiques.	Exemple : fissure anale, œsophagisme.	Modalité : application directe.
3° Effets révul-sifs.	Exemple : douleur en général; névralgies, alopécies.	Modalité : étincelle de condensation.
4° Effets décon-gestionnants.	Exemple : hémorroï-des, états phlegma-siques.	Modalité : étincelle de condensation.
5° Effets destruc-teurs.	Exemple : néoplasmes superficiels, végéta-tions.	Modalité : petite étin-celle de résonance.
6° Effets de dé-fense et action ouloplasique.	Exemple : lupus, mal perforant, ulcérations diverses.	Modalité : variable avec la réaction recher-chée.

1° Effets sédatifs.

L'effluvation de haute fréquence, d'intensité modérée,
est susceptible de modérer les phénomènes douloureux
dans certains *états névralgiques* ou hyperesthésiques,
(méralgie paresthésique, zona, etc.), comme aussi de modifier de la façon la plus heureuse l'élément nerveux de
certaines dermatoses. Certains *prurits circonscrits sine*

materia, rebelles aux agents médicamenteux ordinaires, aux colles, au sapolan, cèdent parfois en peu de séances à l'effluvation douce.

Avec le prurit disparaît en général la lésion seconde, l'état d'eczématisation ou de lichénification de la peau.

Des résultats du même ordre ont été maintes fois constatés dans les *prurits symptomatiques*. Darier parle des résultats frappants obtenus dans le *lichen plan*, dans les *urticaires rebelles* ; il y a lieu vraisemblablement de les rapporter à la sédation du prurit concomitant.

Il faut bien savoir cependant qu'il est des cas infiniment tenaces qui résistent totalement à l'effluvation (prurit vulvaire en particulier). Parfois aussi le soulagement n'est que temporaire.

Si dans certaines affections dermatologiques que nous passerons en revue plus bas, nous dénions absolument toute supériorité à la radiothérapie, il n'en est pas de même en ce qui concerne le prurit. Dans ce cas, en effet, l'expérience comparative nous a permis de reconnaître aux rayons X une action plus fidèle et plus constante. On rencontre cependant des cas qui résistent à la radiothérapie, et qui cèdent plus ou moins à l'effluvation.

Si certaines variétés d'*eczéma* cèdent assez rapidement à l'effluve de haute fréquence, c'est encore, incontestablement en raison de son action sur le symptôme prurit.

En supprimant le besoin de grattage, l'électrisation arrive ainsi à empêcher le malade d'entretenir son affection.

Mais indépendamment de son action sédative, l'effluve exerce encore sur les éruptions une influence décongestive, si bien que, dans les eczémas typiques, on voit,

au bout de trois ou quatre séances généralement, en
même temps que disparait le prurit, la sécrétion diminuer
et l'érythème pâlir.

Il en est ainsi notamment dans les eczémas très pruri-
gineux, à poussées brusques et rapides qui sont l'apa-
nage des arthritiques nerveux, des surmenés et des neu-
rasthéniques et qui envahissent avec tant de prédilection
les régions découvertes, la figure, les mains. Quelques
auteurs ont prétendu que dans l'eczéma sec, les résultats
se montraient moins brillants et moins rapides. Mais la
raison en est simplement que la technique primitive
prescrivait d'appliquer l'électrode condensatrice sur les
surfaces eczémateuses, de manière à cribler celles-ci de
petites étincelles. Or, depuis qu'au lieu de chercher une
action irritante sur la surface malade, nous avons proposé de pratiquer une révulsion énergique à la périphérie,
en promenant autour de ces surfaces l'électrode condensatrice, et en donnant au courant le débit maximum sup-
portable, les modifications se sont montrées plus sûre-
ment et plus promptement.

2° Effets antispasmodiques.

Le traitement de la *fissure sphinctéralgique*, décou-
vert fortuitement par Doumer, est de toutes les applica-
cations de la haute fréquence celle qui, jusqu'à présent,
a fourni les résultats les plus brillants.

Rappelons en quelques mots ce qu'est la fissure douloureuse à l'anus, la fissure sphinctéralgique. Toute ulcération, toute érosion de la région anale ne donne pas
lieu nécessairement au syndrome sphinctéralgie. Il est

en effet des fissures qui, ne produisant qu'une sensation de cuisson, ne méritent pas le nom de sphinctéralgiques. Le syndrome fissure douloureuse est constitué seulement lorsque, en même temps que l'ulcération, apparaissent des phénomènes douloureux d'une allure tout à fait spéciale.

Aux douleurs de la défécation (sensation de cuisson ou de déchirure) succèdent dans ce cas des douleurs constrictives dues à la contracture du sphincter, douleurs atrocement violentes, se répétant coup sur coup, véritable torture pour les malades.

En dehors des procédés médicaux, procédés de douceur le plus souvent insuffisants, la méthode de choix dans le traitement de la fissure était jusqu'à présent la dilatation forcée du sphincter. Mais, en raison de la remarquable proportion de guérisons obtenues par les courants de haute fréquence, la première place dans le traitement de la fissure doit revenir à présent au traitement électrique.

Sa supériorité sur l'intervention chirurgicale réside d'une part dans ce fait qu'il constitue un traitement et non une opération, d'autre part en ce qu'il ne nécessite pas l'anesthésie chloroformique pour laquelle on ne saurait être trop circonspect, en raison des alertes qu'on observe parfois au cours des interventions dans cette région.

Dans l'immense majorité des cas, la première séance de haute fréquence procure un soulagement considérable. Exceptionnellement la première application produit un effet inverse, et l'action sédative n'apparaît alors qu'à la deuxième ou la troisième. De toute façon, après 5 à

8 séances en moyenne, la guérison est complète, et le plus souvent définitive, si le malade prend soin de ménager par un régime approprié la sensibilité de la muqueuse anale.

Il est à noter que la cicatrisation de la fissure ne se fait pas parallèlement avec la suppression des phénomènes douloureux. Ceux-ci peuvent avoir complètement disparu alors que la fissure est encore parfaitement apparente. Mais on constatera le plus souvent qu'elle a changé d'aspect et que sa cicatrisation est en marche.

Au point de vue de l'interprétation de cette remarquable action de l'électricité dans la fissure sphinctéralgique, nous devons invoquer une double action : d'une part l'action antispasmodique qui s'exerce sur le symptôme sphinctéralgie, d'autre part l'action ouloplasique dont nous aurons à nous occuper plus loin et qui explique la rapide cicatrisation de la fissure.

Le manuel opératoire est fort simple. Le malade sera placé soit dans la position dorsale, soit dans la position génu-pectorale, ou mieux encore dans la position dite « en chien de fusil ». L'électrode condensatrice, bien vaselinée, reliée à l'extrémité du résonateur, sera poussée avec douceur dans l'anus. D'ordinaire, la pénétration de l'électrode se fait sous une légère pression de la main ; mais quelquefois la contracture du sphincter rend impossible cette pénétration ; il suffit alors de tenir l'électrode quelques instants appuyée sur la marge de l'anus en faisant passer le courant. La contracture ne tarde pas à céder, et l'instrument pénètre aisément.

Au lieu de l'électrode condensatrice, Doumer préfère

se servir d'un excitateur conique en métal, à pointe
mousse (fig. 21).

Il nous a semblé toutefois qu'avec cet instrument la
guérison est moins sûre et moins prompte qu'avec

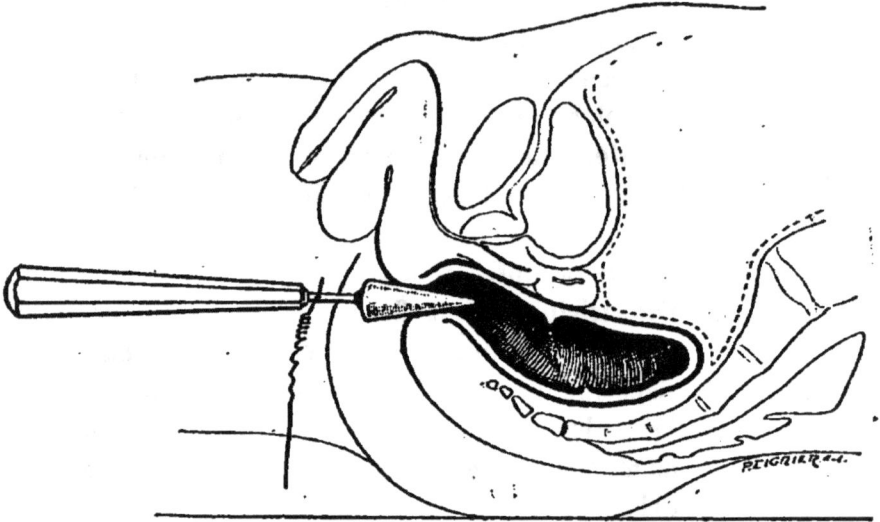

Fig. 21. — Électrode de Doumer et traitement de la fissure.

l'électrode condensatrice convenablement réglée (effluve
de condensation).

Bensaude et Ronneaux ont signalé les bons effets
obtenus par la haute fréquence locale sur les *spasmes
œsophagiens* et ces auteurs ont fait construire une sonde
spéciale qui permet de porter le courant de haute fréquence sur la région de l'œsophage où siège le spasme,
en évitant toute dérivation du courant.

L'utilité de cette méthode a été vérifiée d'abord par
Delherm, ensuite par Bensaude et Thiroloix, dans
trois cas de spasme du cardia.

Pour faciliter l'*introduction de leur rectoscope*, Lion et Bensaude s'adressent préalablement, dans les cas difficiles, à la haute fréquence. Ce sont là une série de faits qui vérifient l'action antispasmodique de cette modalité électrique.

3° EFFETS DE RÉVULSION.

La haute fréquence appliquée localement, soit sous forme d'effluve, soit sous forme d'étincelle de condensation, permet, dans certains cas, de combattre très efficacement le symptôme douleur.

L'application répétée, quotidienne, de l'étincelle de condensation constitue un moyen de révulsion locale, indolore, à longs effets et d'autant plus précieux que les applications peuvent être *fréquemment renouvelées* sans inconvénient pour la peau.

Quand les douleurs ont leur origine dans l'appareil musculaire, l'étincelle de condensation permet presque toujours d'obtenir une analgésie très rapide. On l'emploiera donc avantageusement dans certaines *contractures douloureuses*, contractures réflexes, *lumbago*, etc.

Le même procédé permet de soulager assez rapidement les malades atteints de *douleurs articulaires* (arthrites sèches, traumatiques ; rhumatisme monoarticulaire, *morbus coxae senilis*, etc.) et pourra être employé concurremment avec la galvanisation continue ou l'introduction électrique d'ions médicamenteux.

Particulièrement dans les *algies du pied* (tarsalgie, métatarsalgie, achillodynie) la sédation rapide des douleurs est la règle.

Dans les *formes chroniques du rhumatisme*, l'association du lit condensateur avec l'étincelle de condensation donne parfois des résultats, temporaires sans doute, mais néanmoins fort appréciables.

L'irritation du cuir chevelu par l'étincelle de condensation a été utilisée par de nombreux auteurs pour le traitement des *alopecies* et de la *pelade* en particulier.

Si Schiff a pu provoquer de la dépilation, en revanche Mac Kee déclare avoir employé avec succès l'étincelle dans plus de 100 cas contre l'alopécie prématurée. Les étincelles de haute fréquence détermineraient une congestion passagère du cuir chevelu, persistant de six à douze heures, temps nécessaire pour activer la circulation du follicule pileux et déterminer une inflammation chronique.

Vassilidès, qui a confirmé ces résultats, les attribue à la grande quantité d'ozone produite par les étincelles, à l'hyperémie provoquée par leur action irritative, à la grande vitalité que les courants de haute fréquence impriment aux tissus.

C'est à Bordier que reviennent les premières observations de pelade guérie par l'action révulsive de l'étincelle condensatrice. Mais si cet auteur conseille d'atteindre uniquement la rubéfaction, par contre Bordet pousse l'irritation jusqu'à obtenir de petites phlyctènes.

Ce dernier procédé présente peut-être l'avantage de ne nécessiter que des séances hebdomadaires. De toute façon, il faut le plus souvent patienter un mois ou un mois et demi avant de voir apparaître la première repousse.

4º Effets décongestionnants.

Les effets consécutifs aux applications locales de la haute fréquence ont permis de lui attribuer un pouvoir décongestif marqué auquel s'allient, suivant la modalité appliquée, les autres propriétés physiologiques de ces courants.

C'est ainsi que dans le groupe des affections superficielles on a pu noter de bons effets dans l'*acné*, la *couperose* (Oudin, Jaulin). L'*hypersécrétion séborrhéique* se tarit souvent après un certain nombre d'applications.

L'association de l'air chaud et de l'étincelle de condensation nous a donné dans des cas de ce genre les meilleurs résultats.

Mais c'est surtout dans les *éruptions zostériennes* aiguës que l'action de l'effluve est remarquable. Par ses propriétés sédatives qui diminuent les phénomènes douloureux, par ses effets décongestifs, par son action ouloplasique qui facilite la cicatrisation, l'effluvation constitue une thérapeutique des plus constantes dans ses effets sur le zona aigu, et bien qu'on ait publié quelques succès à l'actif de la radiothérapie, la supériorité de l'effluvation, basée sur un bon nombre d'observations personnelles, ne nous parait pas contestable.

Oudin et Ronneaux, mettant à profit les actions vasomotrices de l'effluve, ont pu observer des effets décongestionnants remarquables dans toute une « série d'états phlegmasiques » à localisation superficielle ou même un peu profonde.

Peut-être dans ce second cas, y a-t-il lieu d'invoquer

une action réflexe, ainsi que nous le verrons plus loin. Cet effet décongestif paraît pouvoir être utilisé aussi bien dans les affections simplement congestives que dans celles dans lesquelles l'élément infectieux domine.

A côté de cas nettement infectieux, lymphangites, adénites, arthrites de causes diverses, métrites, heureusement influencés par la haute fréquence, Oudin et Ronneau citent des cas d'origine traumatique, sans infection, très rapidement guéris par cette modalité électrique. C'est cette même action décongestive qui explique l'efficacité de la haute fréquence dans les *crises hémorroïdaires aiguës*, et dans les poussées aiguës au cours des états hémorroïdaires chroniques.

Sans doute ne faut-il pas regarder la haute fréquence comme un moyen de cure radicale, mais, en revanche, elle est capable d'atténuer une poussée hémorroïdaire, et de modérer la crise.

L'action sédative de la haute fréquence s'exerce manifestement et très rapidement sur les phénomènes douloureux : les douleurs aiguës, le sentiment de gêne et de tension, le ténesme, se dissipent en général au bout d'un petit nombre de séances. Il n'est pas moins remarquable de constater la disparition des démangeaisons, la cicatrisation des fissurettes qui existent parfois simultanément.

Dans les *formes chroniques*, il semble qu'il y ait aussi une action sur la répétition des crises, car on a vu celles-ci s'espacer et devenir moins fréquentes après un traitement suffisamment prolongé.

On ne saurait cependant attendre beaucoup de la haute fréquence, lorsque les hémorroïdes sont symptomatiques d'une affection du foie, du cœur, ou liées à une compression abdominale.

Zimmern et Gendreau ont mis en évidence l'efficacité de la galvanisation associée à la haute fréquence contre les bourdonnements chez les sujets jeunes atteints d'*otosclérose* tympano-labyrinthique, ou d'*otite moyenne adhésive*, et ces résultats sont vraisemblablement en rapport pour une part avec les effets décongestifs de la haute fréquence.

Des effets analogues semblent pouvoir être obtenus par voie réflexe. On sait que les expériences de François Franck, de Raymond et Onanoff ont mis en relief l'influence réflexe des excitations cutanées. C'est par ce mécanisme que Courtade explique les améliorations observées après l'effluvation de la région rénale ou l'application d'étincelles, le long de la colonne vertébrale chez des malades atteints de *rein mobile*, et sujets aux crises douloureuses de cette affection.

Plusieurs auteurs ont signalé les services que peut rendre l'effluvation rachidienne et sus-pubienne dans les *manifestations urinaires des tabétiques*.

La parésie vésicale qui dans cette affection se manifeste par des crises de rétention, offre à la haute fréquence un champ d'action favorable.

Chez les cinq rétentionnistes de Gidon, l'action sur la vessie se manifesta avec une rapidité et une constance singulières et chez quatre d'entre eux se montra durable, même pendant des interruptions de traitement durant quatre mois.

« C'est le matin, écrit Gidon, que se manifeste, en général, l'arrêt fonctionnel dont il s'agit. Le malade, à son réveil, cherche à uriner, mais, malgré ses efforts, l'écoulement de l'urine ne s'établit pas. Souvent ce n'est que beaucoup plus tard, en allant à la selle, que le malade arrive à vider sa vessie.

Dans d'autres circonstances, il y arrive enfin après plusieurs tentatives. Mais, que les accidents soient graves ou relativement légers, dans tous les cas le malade s'énerve et se préoccupe, et, sur l'ensemble déjà assez chargé des accidents propres au tabes, vient se greffer le mauvais état moral de la nervosité de cause urinaire. Or, chez les cinq malades traités, et qui, tous, souffraient, bien qu'à des degrés divers, de ce fâcheux état mictionnel, l'amélioration survint dès les premières séances, se compléta très rapidement et aboutit constamment à un état urinaire satisfaisant. »

De leur côté, Oudin et Zimmern ont pu suivre des tabétiques incontinents, chez lesquels chaque série d'application tendait à rétablir la miction normale. Une action réflexe sur les centres médullaires semble d'autant moins douteuse que les séances furent généralement suivies d'un état plus ou moins accentué d'éréthisme génital.

5° EFFETS DESTRUCTEURS.

Oudin et Barthélemy ont détruit avec des étincelles de résonateur des végétations vénériennes (électrode condensatrice).

Parfois l'effluve de haute fréquence fait disparaître avec rapidité sans laisser de cicatrice, les *verrues planes* de la face. Brocq n'hésite pas à reconnaitre le fait, tout en admettant volontiers l'influence classique de la suggestion.

Bergonié a obtenu quelques succès dans le traitement des *angiomes plans* en appliquant l'aigrette mêlée de petites étincelles très nombreuses provenant du solénoïde secondaire au niveau de la tache à traiter. Le tissu violacé blanchit après quelques secondes de cette application; il se fait ensuite une réaction inflammatoire plus ou moins intense, à laquelle succède une guérison sous-épidermique avec épiderme plus ou moins décoloré.

Des résultats du même ordre ont été obtenus par Aspinnwal Judd avec une électrode spéciale, du type électrode condensatrice, dans les *nævi pigmentaires,* recouverts de poils.

Si les tentatives faites sur le *lupus tuberculeux* avec l'étincelle de condensation ne paraissent pas avoir été couronnées de succès, par contre Guilloz et, après lui, Strebel (de Munich) ont montré qu'à l'aide de petites étincelles, prises directement au résonateur et convenablement graduées, on pouvait modifier très profondément et même détruire des nodules lupiques.

D'après Guilloz, ce procédé aurait l'avantage d'être beaucoup plus facile à appliquer que la radiothérapie, et Strebel affirme qu'indépendamment d'une guérison rapide on obtiendrait présque toujours un résultat esthétique des plus satisfaisants.

En laissant agir l'étincelle durant dix à vingt-cinq secondes sur les tissus lupiques, on déterminerait une irritation inflammatoire à laquelle succède l'élimination des tissus morbides et une cicatrice légèrement déprimée.

Strebel attribue à l'étincelle appliquée de cette manière une action *mécanique,* *électrolytique* et *thermique,* dont

l'effet final serait la mort de la cellule frappée. En
même temps, la destruction des vaisseaux entourant les
nodules lupiques entraverait la nutrition des tubercules.
Les tissus ainsi frappés de mort joueraient le rôle de
corps étrangers et seraient éliminés par un processus
inflammatoire réactionnel.

Brocq cependant déclare n'avoir jamais pu constater
ces résultats merveilleux.

Tout récemment quelques expérimentateurs ont essayé
l'application directe (thermopénétration) et affirment
avoir réussi, grâce à la coagulation, à substituer à des
territoires lupiques assez étendus un tissu cicatriciel uni
et souple.

L'action destructive de l'étincelle se manifeste le plus
nettement dans le traitement des *petits épithéliomes
cutanés.*

Depuis les publications de Bordier, Lacaille, Oudin,
la plupart des électriciens considèrent l'étincelle comme
le traitement de choix des petits épithéliomas de la peau
ou des muqueuses, non seulement parce qu'on peut
limiter son action avec la plus grande facilité, mais aussi
en raison de la rapidité de la cicatrisation. La mise en
œuvre du procédé ne nécessite, du reste, qu'exceptionnellement l'anesthésie locale, celle-ci se produisant d'une
manière suffisante au fur et à mesure de l'application.

Oudin signale comme participant à la guérison des
lésions de cet ordre l'entraînement des particules métalliques. L'étincelle de haute fréquence arrache au métal
constituant l'électrode des parcelles infiniment petites,
qu'elle entraîne sous forme d'oxyde ou de fragments
métalliques et qu'elle fait pénétrer assez profondément

sous la peau, les incrustant pour ainsi dire dans le
couches profondes de l'épiderme et même jusque dans
le derme, où le microscope permet de les retrouver.

La première condition pour qu'une néoplasie cutanée
soit justiciable de cette méthode si simple, c'est que la
tumeur ou l'ulcération soit limitée en surface et en profondeur. Une seconde condition réside dans la difficulté
pratique que pourraient présenter, par le siège de la néoplasie, le. applications radiothérapiques. Il est en effet
des régions assez difficiles à bien exposer aux rayons X,
les régions anfractueuses comme le sillon naso-génien,
l'angle de l'œil, par exemple.

Mais l'indication essentielle se déduit de nos connaissances relatives à l'efficacité de la radiothérapie sur les
tumeurs malignes de la peau. Dans les formes lobulées
du cancer cutané, les rayons X donnent rarement de
bons résultats, parfois même des aggravations; par
contre, ils jouissent d'une remarquable efficacité dans
les formes tubulées. Il s'ensuit donc que dans les formes
papillaires et le cancroïde, on a tout à gagner à s'adresser
à l'étincelle.

Loin de nous cependant la pensée de considérer les
petits *ulcus rodens* et les *épithéliomas perlés* comme
une contre-indication à la haute fréquence; nous voulons
établir simplement que les résultats thérapeutiques
étant de part et d'autre assez encourageants, on pourra
se laisser guider par ses préférences.

Sans doute sera-t-on tenté dans bien des cas de
s'adresser d'emblée à l'étincelle, car, à ceux qui ont eu
l'occasion d'étudier comparativement les deux méthodes,
l'expérience semble avoir appris que la haute fréquence

est plus constante dans son action, plus rapide comme résultat immédiat et au moins aussi belle dans ses résultats éloignés.

Au reste comme le dit Oudin : « Nous suivons la marche de l'agent thérapeutique, nous en limitons ou prolongeons l'usage comme nous voulons et proportionnellement à la profondeur des lésions, en un mot nous voyons ce que nous faisons. »

Si cette méthode de traitement des petits épithéliomas cutanés a été considérée par beaucoup d'auteurs comme le traitement de choix de ces productions pathologiques, c'est, indépendamment de sa commodité d'application, en raison de la rapidité de la guérison et de la qualité de la cicatrice qui l'emporte au point de vue esthétique sur celles qui succèdent à la destruction par les caustiques chimiques ou le thermocautère.

Malheureusement on n'a pas jusqu'à présent étudié anatomiquement la régression de ces néoplasies sous l'influence de l'étincelle et nous ignorons si elle dépend d'une destruction directe de la cellule néoplasique, d'une réaction des tissus sains ou encore d'un effet combiné de ces deux processus.

Toutefois le rapprochement qu'on peut établir entre l'évolution des néoplasmes cutanés traités et la remarquable activité que manifeste le processus de réparation des plaies frappées par l'étincelle ou l'effluve de haute fréquence, nous oblige à rapporter une partie des résultats observés à l'action ouloplasique de cette modalité électrique.

6° EFFETS OULOPLASIQUES.

L'attention a été attirée récemment, lors des expériences de fulguration (1), sur la remarquable activité de

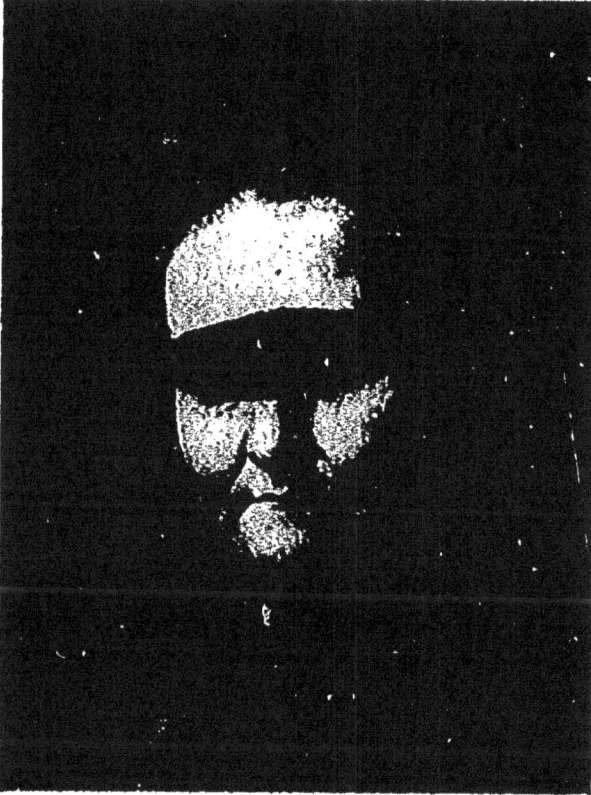

Fig. 22. — Plaie de la bosse frontale, consécutive à l'ablation d'une tumeur maligne, guérie sous l'action de l'étincelle de condensation.

la réparation (2), la rapidité de l'occlusion, la perfection

(1) Cf. A. ZIMMERN, La fulguration. Sa valeur thérapeutique (in *Actualités médicales*).

(2) A titre d'exemple nous donnons la photographie (fig. 22) d'une de nos malades, chez laquelle la réparation d'une plaie de la bosse frontale consécutive à l'ablation d'une tumeur maligne de 30 cen-

de la cicatrice chez certains malades traités par cette méthode. Or depuis longtemps déjà et dans de nombreuses observations les effets réparateurs de l'étincelle de haute fréquence avaient été signalés.

En 1897, Oudin, au Congrès de Moscou, annonçait déjà qu'il avait obtenu la guérison d'ulcérations torpides du col de l'utérus avec l'électrode condensatrice. En 1905, au Congrès de Liége, il cherchait à mettre en valeur le rôle de la haute fréquence dans la cicatrisation des *plaies atones et variqueuses*.

Depuis lors, les électriciens, quand ils se trouvent en présence d'une plaie se détergeant mal et manifestant peu de tendance à l'occlusion, prennent en main l'électrode aussi machinalement que le chirurgien le bistouri devant une poche fluctuante.

Qu'il s'agisse de plaies atones, d'ulcères variqueux, d'ulcérations de toute nature, la haute fréquence sous forme d'effluves ou de petites étincelles en accélère presque toujours l'occlusion.

L'évolution de la fissure sphinctéralgique traitée en est l'un des exemples les plus typiques.

De même des *ulcérations rœntgéniennes* ont pu être ainsi comblées et guéries. Les manifestations de cette action cicatrisante de la haute fréquence, de cette action ouloplasique, fourmillent en électricité médicale. Il y a là une propriété de la haute fréquence aussi nettement définie et vérifiée que l'est l'action sclérolytique, l'action assouplissante de la cathode du courant continu.

---

timètres carrés environ, s'est effectuée sous l'action de l'étincelle de condensation en l'espace de trois mois, sans autre intervention.

Oudin et Ronneaux, dans leur communication au Congrès de Liége, insistent sur ce fait, que dans les ulcérations traitées par la haute fréquence, la douleur est toujours le premier symptôme amendé, qu'elle a souvent disparu avant même que l'ulcération ne soit entrée nettement dans la voie de la guérison.

Les phénomènes inflammatoires de voisinage (lymphangies, engorgements ganglionnaires) sont très rapidement modifiés, tandis que l'ulcération se rétrécit et se déterge, que son écoulement se tarit.

« L'ulcération se rétrécit autour de son centre, se ratatine, tandis que son fond se nettoie, se surélève et se couvre de bourgeons charnus, la sécrétion purulente se tarissant rapidement. La guérison va très vite, quand il s'agit d'ulcères simples, ulcères traumatiques, même quand ils traînent depuis plusieurs semaines et sans que les règles de l'antisepsie soient observées » (1).

Les *ulcères variqueux* sont donc justiciables de la haute fréquence ; toutefois dans ce cas, l'étendue de la lésion ou l'insuffisance réactionnelle de la plaie peut obliger à une légère excision.

Des résultats des plus encourageants ont été signalés et obtenus dans le *mal perforant plantaire* par Lacapère et nous-mêmes.

De même des trajets fistuleux (*fistules costales, fistules à l'anus*) ont pu être rapidement aveuglés par quelques applications au sein du conduit lui-même.

Nous avons enfin eu l'occasion d'observer un cas de

(1) Oudin et Ronneaux, États phlegmasiques des tissus (*Congrès de Liége*, 1905).

zona gangréneux avec larges ulcérations dont, depuis deux mois, aucun traitement n'avait réussi à produire l'occlusion. Cinq applications de l'électrode condensatrice nous ont suffi pour déterminer en quinze jours une cutisation parfaite.

Tous ces faits concourent à démontrer la puissance ouloplasique des plaies frappées par l'étincelle électrique de haute fréquence.

Sans doute est-ce par un mécanisme très voisin qu'il faut expliquer les résultats obtenus dans les affections dont nous avons encore à faire mention.

Nous avons vu que les courants de haute fréquence ne paraissent pas avoir donné grande satisfaction aux dermatologistes dans le traitement du *lupus vulgaire*, il n'en est pas de même dans le *lupus érythémateux*.

Les deux formes de lupus érythémateux, la forme fixe et la forme aberrante centrifuge, sont susceptibles d'être favorablement influencées et de guérir par la haute fréquence; mais c'est surtout dans la forme aberrante que cette méthode s'est révélée comme particulièrement efficace.

« Les effluves locales de haute fréquence, dit Brocq à propos de l'érythème centrifuge, sont à notre avis le moyen thérapeutique le moins ennuyeux ; elles réussissent chez un certain nombre de sujets et il faut tout d'abord les prescrire. Il est rare qu'elles ne soient pas tolérées et, quand elles le sont, elles donnent des améliorations plus ou moins sensibles, parfois même une guérison relativement prompte; en tout cas il est assez fréquent de leur voir faire disparaître des points où l'infiltration n'est pas très profonde. On limite ainsi beaucoup les régions que l'on devra attaquer par d'autres procédés plus énergiques. »

Les applications peuvent être faites, soit en soumettant la région érythémateuse à l'action de l'effluve, soit de préférence au moyen de l'électrode condensatrice. C'est précisément à cet effet que Bissérié a fait construire son électrode condensatrice réglable dont nous avons donné la description plus haut.

Sous l'impulsion d'Oudin et de Brocq, le traitement par la haute fréquence parait avoir été adopté par les dermatologistes, comme traitement de choix du lupus superficiel centrifuge. Toutefois il faut bien savoir que pour des lupus un peu étendus, la durée du traitement peut être longue et nécessiter une cinquantaine de séances ou plus encore. Mais cet inconvénient est racheté par des avantages qui sont, comme l'indique Brocq, son indolence relative, le peu de dégâts qu'elle cause, la possibilité pour les malades de vaquer à leurs occupations et la beauté des cicatrices.

En fin de traitement, en effet, il n'est pas rare de voir la peau devenir lisse et souple et reprendre peu à peu la coloration et l'aspect du tissu normal. Dans quelques cas cependant, l'esthétique n'est pas aussi satisfaite : on constate sur la région traitée une sorte de pigmentation brunâtre ou, inversement, la région effluvée apparait décolorée.

Dans le lupus érythémateux fixe, la haute fréquence, d'après Brocq, échouerait le plus souvent.

La moindre efficacité dans le lupus fixe est incontestable, mais elle relève sans doute de la profondeur des

lésions, l'effluve ne les atteignant plus avec une intensité suffisante.

C'est cette hypothèse qui a conduit l'un de nous (1)
à essayer dans le traitement des formes rebelles du lupus
(lupus tuberculeux et érythémateux) la *combinaison des
scarifications et de l'étincelle de condensation*. Les
scarifications faites immédiatement avant la séance, en
dehors de leur action thérapeutique propre, permettent en
effet l'action en profondeur de l'étincelle de condensation.

Au point de vue de la guérison définitive, ce procédé
nous paraît marquer un progrès notable dans la thérapeutique du lupus, d'une part en raison de l'extension de la
méthode aux formes fixes et tuberculeuses de cette derma-
tose, d'autre part en raison de l'incomparable rapidité de
la cicatrisation des lésions en évolution.

L'action modificatrice, trophique de la haute fréquence
se révèle encore dans ses effets sur la muqueuse nasale
des sujets atteints d'*osène* (rhinite atrophique fétide).

Collet et Bordier, de Lyon, puis Curchod, Luciero, etc.,
avaient déjà montré qu'on pouvait retirer des résultats
favorables de l'application des courants de haute fréquence dans cette affection.

Tout récemment, sur 10 cas, Zimmern et Gendreau se
sont trouvés à même de les confirmer et de donner une
technique précise.

Celle-ci consiste, après nettoyage des fosses nasales
pour les débarrasser des croûtes et mucosités, à faire
agir sur la muqueuse, de chaque côté, pendant quatre à
cinq minutes, l'étincelle de condensation.

L'électrode condensatrice fine, ordinaire, ne permet-

_____

(1) Zimmern et Louste, *Soc. méd. des hôp.*, 26 juin 1908.

tant cependant pas d'atteindre la partie postérieure des fosses nasales, nous avons fait construire dans ce but une électrode spéciale, simple tige métallique flexible renflée à son extrémité et recouverte d'une sonde en caoutchouc, facile à remplacer aussitôt qu'elle se trouve altérée. Cette sonde peut être aisément promenée sur toute la partie postérieure de la muqueuse. Six à douze séances suffisent en général, pour amener la disparition de l'odeur fétide, des douleurs fronto-orbitaires, et supprimer le rejet de croûtes. L'examen des fosses nasales, montre alors, en général, à la place d'une muqueuse plissée, sèche, pâle, recouverte de croûtes et de mucosités, une muqueuse rosée, humide, hypertrophiée. La plupart des observations où la haute fréquence a été employée relatant l'insuccès des traitements antérieurs, voire même des injections de paraffine, on peut donc affirmer qu'en l'état actuel de nos connaissances, l'application de l'électrode condensatrice est un des meilleurs traitements de l'ozène et que ce traitement doit être essayé systématiquement chez tous les malades qui n'auraient retiré aucune amélioration des traitements antérieurs.

TABLE DES MATIÈRES

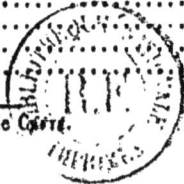

9196-03. — Corbeil. Imprimerie Crété.